U0301649

本书获得普洱学院学术出版资助，为"普洱市古茶树资源保护立法研究"
"普洱市地理标志保护困境及对策研究"的课题研究成果

同时获得以下项目资助
国土资源部"西南多样性区域土地优化配置与生态整治科技创新团队"开放基金项目：
澜沧江流域茶叶景观格局变化及其生态环境效应研究
普洱市思茅区茶与特色产业局科技项目：思茅区常规茶园转化有机茶园项目研究

普洱市古茶树资源保护的理论与实践

段砚◎著

云南大学出版社
YUNNAN UNIVERSITY PRESS

图书在版编目（CIP）数据

普洱市古茶树资源保护的理论与实践 / 段砚著. --
昆明：云南大学出版社，2020
ISBN 978-7-5482-4019-8

Ⅰ.①普… Ⅱ.①段… Ⅲ.①茶树－植物资源－资源
保护－研究－普洱 Ⅳ.①S571.1

中国版本图书馆CIP数据核字（2020）第099400号

策划编辑：段　然
责任编辑：石　可
装帧设计：刘　雨

普洱市古茶树资源保护的理论与实践

PUERSHI GUCHASHU ZIYUAN
BAOHU DE LILUN YU SHIJIAN

段砚◎著

出版发行：云南大学出版社
印　　装：昆明理煜印务有限公司
开　　本：787mm×1092mm　1/16
印　　张：16
字　　数：270千
版　　次：2020年6月第1版
印　　次：2020年6月第1次印刷
书　　号：ISBN 978-7-5482-4019-8
定　　价：58.00元

社　　址：云南省昆明市一二一大街182号（云南大学东陆校区英华园内）
邮　　编：650091
电　　话：（0871）65033244　65033307
网　　址：http://www.ynup.com
E-mail：market@ynup.com

若发现本书有印装质量问题，请与印厂联系调换，联系电话：0871-64167045。

序

　　段砚的书要出了，心里很是为她高兴，自认为是今年来最好的消息之一，她请我写个序，虽窘于自己文笔不济，但还是欣然为之。

　　因为，这部书一直是希冀、情愫、责任与焦虑、阵痛、犹疑相伴相随相交织，几度几乎搁置、放弃。作为好友，大多是知道的，所以抑制不住，有话想说！可真动起笔来，却是迟疑、又迟疑，要说的似乎太多，倒无从下笔了。书的写作，我们一行同仁更多的是鼓励，是期待。每每传来写作困难、时间不济、搁笔数十日的消息，都使同仁们唏嘘、叹息，我甚至是茫然，转瞬间，留点"狠话"了。

　　令人欣慰的是，竟然有结果了！

　　这几十万字的书，有经济的、环保的、发展的理论性分析，有传统的、文化的、产业的实务性思考，有规范的、理性的、效率的法治性研讨……

　　在我来看，可以从中读出一个法律人的坚毅，一个高校老师的情怀，一个普洱人的责任。其实，这还是一个践诺，因为，《普洱市古茶树资源保护条例》颁布施行时，我和同仁感慨道，这是普洱法治史上值得纪念的一个第一次！段砚说，那我就把它写下来，她是说到做到了。

　　当然，这部书有遗漏、有遗憾，但她思考了保护的必要性何在，为何发展上急切需要，政府该如何监管，各主体该怎样去落实措施，权利人的权利该如何得到尊重等有着重要现实意义的问题，所以，并不影响对良法善治追求的意思表示。

　　言有限，意难尽，是为序。

2020 年 5 月

自　　序

党的十九大报告提出："推进科学立法、民主立法、依法立法，以良法促进发展、保障善治"。当前，环境资源的保护是人类社会共同关注的重点，更是所有国家必须要解决的实际问题。发展与保护似乎成了一对难以逾越的矛盾，但是，实际上，从理论上说发展与保护在很多时候并不矛盾，保护是为了更好的发展，而发展也有利于更好的保护。

普洱市因为是古茶树的起源之地和普洱茶的出产之地，所以作为产业来说，茶叶经济是其支柱产业。上述的矛盾在此方面显得尤为突出。一方面，古茶树资源在全世界都很匮乏，生态显得非常脆弱，不要说过度开发，保护不当都有可能造成资源毁灭性的灾难；另外一方面，普洱市普洱茶经济规模巨大，在全市的经济份额占比高，如果不开发利用好古茶树资源，不仅周边企业和茶农将遭受惨痛的损失，而且古茶树资源将陷入故步自封的境地，丧失了其对人类的重要价值。对此，历史上有过惨痛的教训，即使是当前也面临着非常具体的问题。

针对古茶树保护和发展的现状，普洱市党委、市政府有的放矢，提出了有针对性的各项措施。

然而，千丝万缕总有一线所牵，"瓶颈"在于立法，所谓不成规矩何以成方圆，各项措施的贯彻和落实，均需要制度的明确和法律的保障。法律所特有的规范作用、示范作用和预测作用等在古茶树资源的保护上具有不可替代性。

良法是善治之前提——党的十八届四中全会作出这样的表述。没有法律，特别是没有良法，善治就等于空谈。

良法必须是体现广大人民意志的法，它保护的是人民的利益，维护的是有利于人民的社会秩序。人民利益应当是多数人的利益，在一般情况下，应该是公共的利益，法律应该符合人性、讲究人道、体恤人情、尊重人格。

同时良法不仅可以"护航"，而且可以"导航"。只有能够"导航"的法律才是良法。这是因为法律的导航作用是很明显的，它为人们提供了三种行为模式，明确告诉人们：哪些行为可以做，哪些行为禁止做，哪些行为必须做。前一条是权利，不做也不违法，但最好按法律导向去做。后面两种则是义务，违背法律的导向就要受到法律的干预、制止或惩罚。《普洱市古茶树资源保护条例》的出台正是坚持制定良法的初心，对于依法对古茶树资源进行保护与利用具有里程碑的意义。

本书以古茶树保护的地方立法为例，详细介绍普洱市古茶树地方立法的考量和过程，期望通过理论与实践的思考分析，系统地反思地方资源立法的相关问题，确立立法有效性的理念，促进地方立法，尤其是地方资源型立法的科学思考与实践。全书分为十章，从立法、守法、执法的视角进行审视，有经济的、环保的、发展的理论性分析，有传统的、文化的、产业的实务性思考，有规范的、理性的、效率的法治性研讨。

立法具有不可替代性，但其作用的发挥在于其有效性，本质是利益的博弈和考量，立法技术、立法程序、法律层级及体系的定位，法律效果，法律实施均是地方立法需要特别关注的问题。普洱市关于古茶树资源保护的地方立法既有成功的地方，也有很多不足之处。在依法治国的大背景下，关注地方立法的技术问题，有利于解决各类两难的矛盾，从而指导和帮助我们建立符合科学发展的包括古茶树资源保护和利用在内的法律制度。

徒法不足以自行，立法并非万能，立法不可能解决所有的问题。《普洱市古茶树资源保护》条例的出台，一方面让我们欣喜，毕竟这是具有突破性的一步，虽然路还很长，但一旦纳入到法治的轨道，因为法律的特殊性，未来可期；另一方面，仅仅依赖于立法的途径，仅仅依赖于法律的遵守和执行，对于一个复杂的综合性的社会问题还远远不够。齐头并进，多措并举，由里及表，由内至外，方是大道。因此，在古茶树资源立法保护的问题上，也应当特别注重法律与文化，法律与其他制度，法律与商业习惯、民俗习惯等的衔接和配合。

2020 年 5 月

目　录

第一章　《普洱市古茶树资源保护条例》的出台 ｜ 1

第一节　普洱市古茶树资源保护的困境和突破 ｜ 1

一、普洱市古茶树资源及分布范围 ｜ 1

二、普洱市古茶树资源保护的历史与困境 ｜ 3

三、普洱市古茶树资源保护困境的突破 ｜ 5

第二节　立法的指导思想和原则 ｜ 6

一、立法的指导思想 ｜ 6

二、立法的原则 ｜ 6

第三节　立法的流程 ｜ 7

一、立法项目的提出 ｜ 7

二、领导小组及法规草案起草小组的成立 ｜ 8

三、草拟文本 ｜ 8

四、草拟稿审改 ｜ 8

第四节　《普洱市古茶树资源保护条例》框架内容 ｜ 9

第五节　《普洱市古茶树资源保护条例》的立法价值 ｜ 10

一、法律价值 | 10

二、经济发展价值 | 12

三、历史文化价值 | 14

第二章　古茶树资源保护立法相关问题的理论分析 | 18

第一节　科学立法、民主立法、依法立法的基本要求 | 18

一、科学立法、民主立法、依法立法的基本要求 | 18

二、坚持科学立法、民主立法、依法立法应把握的规律 | 20

第二节　普洱市古茶树资源保护的立法原则 | 21

一、法治原则 | 21

二、绿色发展原则 | 23

三、民主原则 | 25

四、原则性与可操作性相结合 | 27

五、前瞻性与针对性相结合 | 27

六、市内实际与市外经验相结合 | 28

第三节　普洱市古茶树资源保护立法中的基本矛盾、基本理论 | 28

一、立法的基本矛盾 | 28

二、立法的基本理论 | 31

第四节　《普洱市古茶树资源保护条例》的制度机制安排 | 33

一、规划及普查制度 | 33

二、监控预警、制定技术规范、夏茶留养制度 | 34

三、环境影响评价制度 | 34

四、禁止行为及惩罚制度 | 35

五、古茶树资源保护补偿、激励机制 | 35

六、名录管理和分类保护机制 | 35

七、便民服务机制 | 36

　　八、监督问责机制 ｜ 36

　　九、建立古茶树原产地品牌保护和产品质量可追溯体系 ｜ 37

第三章　古茶树资源保护立法与政府的服务、监管职责定位 ｜ 38

第一节　政府在社会资源管理中的地位 ｜ 38

　　一、现代公共管理理念的转变指向更为广阔的政府职能 ｜ 38

　　二、现代公共管理理念的转变 ｜ 40

第二节　立法与政府服务监管作用的发挥 ｜ 41

　　一、处理好效率与公平的关系 ｜ 41

　　二、处理好政府与市场的关系 ｜ 41

　　三、处理好权力与责任的关系 ｜ 42

　　四、处理好公共利益与公民合法权益的关系 ｜ 42

　　五、处理好立足现实与改革创新的关系 ｜ 43

第三节　地方政府在古茶树资源保护管理中的职责 ｜ 43

　　一、地方政府在古茶树资源保护中的主要职责 ｜ 43

　　二、地方政府在古茶树资源保护实践中的履职难点问题 ｜ 46

第四节　古茶树资源保护立法中地方政府应当发挥的作用 ｜ 48

　　一、服务职能的体现 ｜ 48

　　二、监管职能的完善 ｜ 49

第四章　古茶树资源保护立法与参与者权益分析 ｜ 51

第一节　古茶树资源的参与者 ｜ 51

　　一、古茶树资源的参与者 ｜ 51

　　二、参与者权益 ｜ 54

第二节　各主要参与者的权益结构 ｜ 55

　　一、古茶树资源所有者的权益 ｜ 55

二、古茶树资源管理者的权益 | 57

三、古茶树资源经营者的权益 | 57

第三节　古茶树资源保护法律制度的构建 | 59

一、各参与者在现行制度下的利益缺憾 | 59

二、古茶树资源保护法律制度构建的核心是兼顾多方利益 | 61

第五章　古茶树资源立法中的保护措施与惩罚措施 | 65

第一节　古茶树资源保护与惩罚措施的立法规定 | 65

一、古茶树资源保护的内涵 | 65

二、古茶树资源立法中的保护措施规定 | 66

三、古茶树资源立法中的惩罚措施规定 | 67

四、古茶树资源立法中保护措施与惩罚措施的定位分析 | 68

第二节　古茶树资源立法中保护措施与惩罚措施建构建议 | 71

一、惩罚措施与保护措施的平衡 | 71

二、完善保护措施与惩罚措施的建议 | 72

第六章　普洱茶地理标志保护与古茶树资源立法 | 75

第一节　普洱茶地理标志保护现状 | 75

第二节　普洱市名山普洱茶品牌建设实践 | 78

一、普洱市名山普洱茶品牌建设情况 | 78

二、普洱市名山普洱茶品牌实践成效 | 79

第三节　普洱市名山普洱茶保护困境 | 82

一、经济基础 | 82

二、行政管理 | 83

三、行业协会管理 | 85

四、茶企业参与程度 | 86

　　五、司法保护 ┃ 87

第四节　普洱茶地理标志保护建议 ┃ 88

　　一、政府顶层设计 ┃ 88

　　二、行政机关组织监管 ┃ 89

　　三、行业协会组织引导 ┃ 91

　　四、企业积极参与 ┃ 91

　　五、司法保护 ┃ 92

第七章　普洱茶文化与古茶树资源立法保护 ┃ 93

第一节　普洱茶文化 ┃ 93

　　一、普洱茶文化的历史特征 ┃ 93

　　二、普洱茶文化的民族特征 ┃ 94

第二节　普洱茶文化的立法保护 ┃ 96

　　一、普洱茶文化保护在《普洱市古茶树资源保护条例》中的体现 ┃ 96

　　二、普洱茶文化立法保护的困境 ┃ 97

　　三、普洱茶文化的立法保护 ┃ 98

第八章　普洱景迈山古茶林申遗与法规政策 ┃ 101

第一节　普洱景迈山古茶林申遗概况 ┃ 101

　　一、普洱景迈山遗产 ┃ 101

　　二、普洱景迈山古茶林申遗概况 ┃ 102

　　三、普洱景迈山古茶林申遗内容 ┃ 103

第二节　普洱景迈山古茶林申遗法规政策 ┃ 104

　　一、古茶林的保护 ┃ 104

　　二、古村落的保护 ┃ 105

　　三、村规民约 ┃ 105

第九章 古茶树资源保护立法的完善 | 107

第一节 古茶树资源保护条例自身存在的问题 | 107

一、《普洱市古茶树资源保护条例》出台的困境和选择 | 107

二、《普洱市古茶树资源保护条例》自身存在的问题 | 110

第二节 《普洱市古茶树资源保护条例》实施存在的问题 | 111

一、立法实施效果初评 | 112

二、《普洱市古茶树资源保护条例》实施存在的问题 | 116

第三节 完善《普洱市古茶树资源保护条例》的思考 | 120

一、解决法律实施过程中遇到的突出问题 | 120

二、协调公权与私权的关系 | 121

三、加强法律的可操作性 | 122

四、提高立法质量、完善法律体系 | 123

五、实现法律的鼓励、评价和引导功能 | 124

第四节 完善《普洱市古茶树资源保护条例》的建议 | 125

一、健全立法工作机制、立法制度 | 125

二、努力实现立法的内涵与外延的统一 | 126

三、制定《普洱市古茶树资源保护条例》实施细则 | 130

第十章 古茶树资源保护的基层治理 | 134

第一节 科学的立法是有效治理的前提 | 134

一、科学的立法制度与机制 | 134

二、尊重自然规律，汲取技术规范与管理经验 | 135

三、地方政策的有益补充 | 135

第二节 乡村治理经验为实现有效基层治理提供借鉴 | 136

一、仅有立法不足以实现对古茶树资源的科学管理 | 136

二、我国以往的乡村治理经验概述 | 137

三、德治、法治、人治的关系 | 138

四、乡村治理新模式面临的困难 | 140

五、"习近平新时代中国特色社会主义思想"指导下的乡村治理新模式的重大
意义 | 141

六、乡村治理新模式的实现路径 | 144

七、乡村治理新模式实现的保障体系构建 | 146

第三节 乡村治理经验对实现普洱市古茶树资源科学管护的借鉴意义 | 147

一、"枫桥经验"的特点与古茶树资源法律规制管理的特点 | 147

二、"枫桥经验"对于古茶树资源法律规制管理的借鉴和引入 | 148

附 录 | 150

普洱市古茶树资源保护条例 | 150

中共普洱市委办公室 普洱市人民政府办公室 关于进一步加强景迈山古茶
林和传统村落保护管理工作的通知 | 156

普洱市申遗办关于进一步明确普洱景迈山古茶林申报世界文化遗产工作职责的
通知 | 161

澜沧拉祜族自治县古茶树保护规定 | 163

澜沧拉祜族自治县人大常委会关于保护景迈芒景古村落的决定 | 166

云南省澜沧拉祜族自治县古茶树保护条例 | 169

云南省澜沧拉祜族自治县民族民间传统文化保护条例 | 172

澜沧拉祜族自治县人大常委会关于景迈山保护的决定 | 178

云南省澜沧拉祜族自治县景迈山保护条例 | 183

云南省澜沧拉祜族自治县景迈山保护条例实施办法 | 190

景迈芒景古茶园派出所治安巡逻制度 | 201

芒景村保护利用古茶园公约 | 202

景迈村茶叶市场管理公约 | 204

澜沧拉祜族自治县人民政府、普洱景迈山古茶林保护管理局关于对景迈山古茶

　　林保护区实施临时管控措施的通告 | 205

苏国文老师访谈录 | 207

杜春峄访谈录 | 216

黄劲松访谈录 | 223

仙贡访谈录 | 227

参考文献 | 236

后　记 | 239

第一章 《普洱市古茶树资源保护条例》的出台

古茶树是珍贵茶树种质资源，是大自然馈赠人类的瑰宝，是上天对普洱的特别眷顾，是普洱悠久农耕文明和"世界茶源"的佐证。普洱市栽培茶树已有 1700 多年历史，长期的自然选择和优化栽培，孕育了丰富的茶树种质资源，但现实中由于受经济利益驱使，出现了乱采滥挖、伐树采摘等破坏古茶树资源和滥施农药化肥严重影响古茶树品质的现象，古茶树的生存、资源生态受到严重威胁，造成了难以挽回的损失。普洱市政府为此采取了多维度的保护措施，但还是存在保护的种种困境。普洱市获得地方立法权后，立法保护古茶树资源成为普洱市的必然选择。《普洱市古茶树资源保护条例》的出台突破了古茶树资源保护现状的困境，为解决此类特殊资源的保护和利用问题踏出了一条更宽广的路径，具有里程碑的意义。

第一节 普洱市古茶树资源保护的困境和突破

一、普洱市古茶树资源及分布范围

普洱市境内分布着 117.8 万亩的野生茶树群落，有 26 座古茶山、18.2 万亩的人工栽培型古茶园，长期的自然选择和人们的栽培优化，使得这里茶树类型齐全，有野生型、过渡型、栽培型古茶树古茶林活化石，有丰富的茶树种质资源。同时，普洱市的古茶树历史文化底蕴深厚，黄桂枢研究员编著的《普洱茶文化论》详细论证了普洱市居于"世界茶源"的地位，世界茶树发展的几个主要阶段，其实物证据均可在普洱境内找到，即一是在普洱的土地上，有全球唯一的、距今 3540 万年的景谷宽叶木兰化石；二是在景谷、景东、澜沧发现的距今 2500 万年的中华木兰化石；三是生长在哀牢山国家自然保护区的镇沅千家寨有 2700 年历史、有"世界茶王"之称的野生古茶树及大面积野生古茶树群落；四是澜沧邦崴有 1700 年历史的过渡型古茶树；五是澜沧景迈山有 2.8 万亩栽培型古茶园。普洱市古茶山承载着普洱发展的重要文脉和鲜明特色，分布详情如表 1-1 所示。

表 1-1 普洱市古茶山分布详情

所在县（区）	古茶山名称	面积（单位：亩）
墨江县	须立贡茶古茶山	9 645
	迷帝贡茶古茶山	2 925
	通关古茶山	4 305
	坝溜古茶山	3 705
	景星豪门古茶山	4 245
	龙坝古茶山	4 305
景东县	老苍福德古茶山	6 945
	金鼎古茶山	4 800
	漫湾古茶山	3 075
	御笔古茶山	4 185
	哀牢山西坡古茶山	6 855
景谷县	文山古茶山	16 680
	秧塔古茶山	1 710
	南板黄草坝古茶山	6 870
	联合龙塘古茶山	5 025
	团结古茶山	2 970
镇沅县	振太古茶山	13 245
	老乌山古茶山	6 255
	田坝古茶山	3 000
	勐大古茶山	3 780
	马邓古茶山	1 755

续 表

所在县（区）	古茶山名称	面积（单位：亩）
宁洱县	困鹿山古茶山	1 155
江城县	国庆古茶山	5 805
澜沧县	景迈古茶山	28 000
	邦崴古茶山	3 165
	文东古茶山	1 440

注：数据来源于普洱市政府2015年的《普洱市古茶资源分布情况》。

其中代表性古茶山有：

（一）景迈古茶山

景迈古茶山系树龄800—1 000年万亩古茶山，分布在澜沧县惠民镇景迈、芒景两个自然村，是云南省著名的古茶山之一。代表植株有景迈村古茶（LC2006 - 056）和芒景村芒洪古茶（LC2006 - 055），分类上属普洱茶。

（二）困鹿山古茶山

困鹿山古茶山主要分布在宁洱县宁洱镇宽宏村。宽宏村哈尼族种茶已有400多年，茶园多在村寨边。代表性植株有宽宏村困鹿山大叶茶（PR2006 - 001）和西萨村大叶茶（PR2006 - 004），分类上属普洱茶。

（三）景星豪门古茶山

景星豪门古茶山主要分布在墨江县景星镇新华村、景星村，树龄300年以上。代表性植株有新华村大团叶绿芽茶（MJ2006 - 061）和景星村中叶茶（MJ2006 - 073），分类上属普洱茶。

二、普洱市古茶树资源保护的历史与困境

普洱是云南茶叶种植、加工大市，具有悠久的种茶制茶历史。早在三国时期，普洱府境内就已开始种茶。长期的自然选择和优化栽培，孕育了这里丰富的茶树种质资源。普洱市境内有26座古茶山、18.2万亩的人工栽培型古茶园，其中最大的

景谷文山古茶山有 16 680 亩，最小的宁洱县困鹿山古茶山有 1 155 亩。这些古茶山和古茶园是普洱茶文化发展的见证和传承，具有很高的科研、文化、生态、经济和社会价值。时至今日，茶产业已成为普洱市 130 万茶农的"衣食万户"产业，2018年普洱的茶叶种植面积和产值均居全省第一。普洱茶成为普洱市乃至整个云南省重要的支柱产业之一。

2013 年 5 月，国际茶叶委员会正式授予普洱"世界茶源"称号。普洱作为"世界茶源"，不仅仅是大自然的恩赐，也不仅仅因为远古的祖先的赠予，更因为这里茶人代代相传，为茶而生，视茶为民族珍宝。中华人民共和国成立前，云南少数民族聚居地多以"土司"作为族群首领。在众多的少数民族族群中，有碑文记载的内容说明布朗族是目前公认的首先种植茶树、生产茶产品的民族。布朗族的土司在茶树资源的培育和维护方面发挥了重要的作用。在中华人民共和国成立前，普洱市澜沧县景迈山地区聚居的布朗族土司就带领族人种植和养护茶树，当地现存的许多百年古茶树都是当时种下，并代代传承至今的。布朗族首领及族人以口口相授的方式，将茶树的种植和养护方法、茶叶产品的生产制作、茶叶的功用、茶树的重要性等历史经验代代相传，并形成了自己的民族传说故事，将茶树赋予神圣地位，在祭祀等重要的民族习俗中茶也占据重要一席，可以说形成了独具特色的茶文化。这种将茶视为神圣的观念代代相传，布朗族土司就是守护茶树、传承茶文化的带头人。中华人民共和国成立后，当地政府成为古茶资源维护和开发利用的领头人，关于茶的民族文化习俗一直有幸被保留下来。但在古树茶市场经济价值不高的时候，很多栽培型古茶树的所有人出现过为了房屋扩建等生活需要而砍伐、随意修剪古茶树的行为，对栽培型古茶树的养护具有非常大的随意性。随着古树茶价格攀升，受经济利益驱使，一些地方出现了乱采滥挖、伐树采摘、移栽古茶树等破坏古茶树资源和滥施农药、化肥严重影响古茶树品质的现象，古茶树的生存、资源生态受到严重威胁。普洱市各级政府意识到古茶树资源的破坏与流失问题，曾多维度地不断尝试科学维护和开发利用普洱古茶树资源，先后发布一些文件，对古茶树尤其是栽培型古茶树的养护作出一些原则性、鼓励性的规定，采用行政管理手段规范古茶树资源的开发利用和保护行为，加强对古茶树资源保护的教育宣传，等等。同时，在基层采取谈话、教育、督促订立村规民约对古茶树资源利用行为进行约束等方式保护古茶树资源。但由于法律保护制度不完善，各种保护手段和措施缺乏科学性、系统性和规范性，各方利益没有得到统筹兼顾，最终各行其是，缺乏统领，让古茶树资源保护陷入困境。

三、普洱市古茶树资源保护困境的突破

2016年8月1日，普洱市获得地方立法权。普洱市政府充分认识到保护古茶树资源就是守护好普洱获得的"中国茶城""世界茶源""云南普洱古茶园与茶文化系统"等美誉称号的需要，同时保护普洱古茶树资源也是积极延续普洱历史文脉的需要，是经济社会发展提出的资源保护要求。唯有通过立法，在制度上对保护与利用关系进行设计，制定出台符合普洱实际的法规，才能够有效保护和合理利用普洱古茶树资源，妥善解决保护与开发利用实践中存在的一系列问题。因此，在国家、省有关法律法规框架范围内制定古茶树资源保护的专门规范成为普洱市立法工作的首要选择。以"党委领导、人大主导、政府依托、社会参与"的原则，以《中华人民共和国土地管理法》《中华人民共和国立法法》《中华人民共和国行政处罚法》《中华人民共和国土地管理法实施条例》《中华人民共和国自然保护区条例》《云南省自然保护区管理条例》《云南省珍贵树种保护条例》《云南省森林条例》等为立法依据，普洱市成立了由市人大有关专门委员会和市人大常委会有关工作机构及原市政府法制办、市茶业和咖啡产业局、市农业局、市文体局等单位和部分专家学者组成的立法小组。经过充分调研、借鉴，通过公众参与，以科学决策的方式制定出台了《普洱市古茶树资源保护条例》，并于2018年7月1日起正式颁布实施。《普洱市古茶树资源保护条例》的出台，正式把古茶树资源保护纳入立法保护的领域，标志着普洱市对普洱古茶树资源保护和利用具有了明确的法律依据，同时也维护了普洱"中国茶城""世界茶源""云南普洱古茶园与茶文化系统"等一系列美誉称号和地位。此举突破了古茶树资源保护现状的困境，为解决此类特殊资源的保护和利用问题踏出了一条更宽广和更有意义的路径，具有里程碑的意义。

第二节　立法的指导思想和原则

一、立法的指导思想

制定《普洱市古茶树资源保护条例》的根本目的，是为普洱市古茶树资源保护和茶产业提供一个良好的法治保障。为实现这一目标，普洱市明确了制定《普洱市古茶树资源保护条例》（以下简称《条例》）的指导思想：以习近平总书记考察云南的讲话为指针，全面贯彻阮成发省长"擦亮普洱金字招牌"要求，坚持从普洱的实际出发，总结和借鉴成熟的经验，为充分利用和发挥好整体优势，形成有利于保护管理和开发利用的良性机制，为守护"天赐普洱，世界茶源"的城市品牌提供法律支撑。这一指导思想在《条例》总则中关于立法目的、原则、管理机制以及其他章节中都得到了体现。

按照上述指导思想，古茶树资源保护管理和开发利用所需要的法治环境已经超越了行业、产业自身，要求深化行政管理体制和运行机制改革，改善服务环境，又要求按照市场经济原则建立公平竞争的经济秩序，应当体现创新精神，解放思想，实事求是，根据古茶树资源保护的需要，注重对于法律、法规没有作细化的操作性规定，而且属于地方立法权限范围的事项，作出一些创新规定。

二、立法的原则

地方立法是中国特色社会主义法治体系的组成部分，应当符合地方实际，与完善社会主义市场经济体制、构建社会主义和谐社会相适应，与发展社会主义民主政治相协调。因此，必须坚持科学立法、民主立法。普洱市古茶树资源保护立法工作遵循了法治原则、绿色发展原则、民主原则，同时做到了原则性与可操作性相结合，前瞻性与针对性相结合，市内实际与市外经验相结合等。

第三节 立法的流程

普洱市 2016 年 8 月 1 日起开始行使地方立法权，市人大常委会党组于 2017 年初向市委上报了《关于审定〈普洱市人民代表大会常务委员会 2017 年立法工作计划〉的请示》，经市委常委会研究同意，将《条例（草案）》调研起草纳入市人大常委会 2017 年立法工作计划。根据《普洱市人民代表大会及其常务委员会地方性法规制定办法（试行）》规定，《普洱市古茶树资源保护条例》立法程序包括提出立法项目、立项论证、成立领导小组及法规草案起草小组、草案文本起草、普洱市人民政府常务会议通过、普洱市人大常务委员会审议法规草案、普洱市人大法制委员会审议等。其中，按"提出立法项目、立项论证、成立领导小组及法规草案起草小组、草案文本起草、市人民政府常务会议通过"等程序进行时限安排，并分时段开展工作。在工作之初，除制订切实可行的工作计划外，还积极开展相关法律制度梳理工作。在条例的制定过程中，为达到法律条文制定的先进性、审慎性、合法性等目标，起草小组认真对我国现有的资源保护利用等方面的法律制度进行梳理和总结，从梳理的结果中逐条分析论证，为《普洱市古茶树资源保护条例》的起草提炼出了有用的条文和法律制定思路。

一、立法项目的提出

2017 年，普洱市人大常委会党组向普洱市委上报了《关于审定〈普洱市人民代表大会常务委员会 2017 年立法工作计划〉的请示》，经普洱市委常委会同意，将《普洱市古茶树资源保护条例》的调研起草纳入普洱市人大常委会 2017 年立法工作计划。

二、领导小组及法规草案起草小组的成立

2017 年 2 月 27 日，普洱市人民政府成立《普洱市古茶树资源保护条例》（草案）起草工作领导小组及草案起草小组。领导小组由主管副市长任组长，普洱市政府办公室、市司法局、市林业局、市旅发委、市茶叶和咖啡产业局、市农业局、市文体局等为成员单位。领导小组下设草案起草小组在市茶叶和咖啡产业局，具体负责草案起草日常工作。

三、草拟文本

2017 年 3 月初，普洱市茶叶和咖啡产业局收到普政办发〔2017〕45 号文件后，及时研究并开展相应的起草工作；

2017 年 3 月 15 日，草案起草小组完成《普洱市古茶树资源保护条例》（讨论稿）初稿起草；

2017 年 3 月 16 日至 3 月 24 日，向社会公示《普洱市古茶树资源保护条例》（讨论稿）；

2017 年 3 月 21 日、3 月 23 日，召开专家论证会；

2017 年 3 月 25 日，起草小组按市政府的要求将《普洱市古茶树资源保护条例》（讨论稿）报市人民政府。

四、草拟稿审改

（一）准备工作

市政府行文明确立法计划后，原市政府法制办负责《普洱市古茶树资源保护条例（草拟稿）》的审改，开展了相关协调、调研、确定思路、问题论证等一系列审

改基础工作。

（二）向社会公开征求意见

两度向各县（区）人民政府、市直部门和政府信息网公开征求意见；并于 2017 年 4 月 24 日以市政府办名义向市直有关部门发出通知，要求各单位结合实际情况，提出与本部门职能职责相关的古茶树资源保护条款的修改意见，并以书面形式加盖单位公章后反馈。

（三）召开专家咨询（论证）会

及时召开专家咨询（论证）会，第一，召开茶叶专家咨询（论证）会。对存在的问题进行探讨、研究，听取不同意见建议三百余条，进行归纳梳理，委托律师、专家、学者审改，形成新的审改稿（第三稿至第十稿）。第二，召开普洱市籍知名专家论证会，对二十余条有重要争议、引发理解歧义的条款项进行分析研讨，根据听证会收集到的社会各界听证代表提出的七十余条意见建议对草案进行修改，形成新的审改第十一、十二、十三稿。第三，请专家、学者积极进行会商、会审、会改，组织力量进行审改，形成第十四稿。第四，及时召开市人大代表、政协委员征求意见会，听取不同意见建议，形成第十五稿。第五，委托省法制办召开《条例（草案）》省级专家论证会，听取不同意见建议九十余条，经归纳梳理，形成第十六稿。第六，根据市政府常务会研究意见，原市政府法制办组织力量修改形成第十七稿，由市政府报请市委常委会会议研究。第七，市政府按照市委常委会议意见修改出第十八稿（草案），请市人大常委会审议。

（四）审议通过

2017 年 12 月 20 日，普洱市第三届人民代表大会常务委员会第三十六次会议审议通过了《普洱市古茶树资源保护条例》，该条例于 2018 年 3 月 31 日经云南省第十三届人民代表大会常务委员会第二次会议批准，并于 2018 年 7 月 1 日实施。

第四节　《普洱市古茶树资源保护条例》框架内容

《普洱市古茶树资源保护条例》（以下简称《条例》）共六章三十条，涵盖古茶树资源保护、开发利用、服务监督、法律责任等方面。主要涉及在古茶树资源的保护、管理、开发、利用中法律、法规、规章没有规定，或虽有规定但不够具体，或操作性不强，需要进行创设或细化的内容，着力解决在古茶树资源开发利用过程中乱采滥挖、伐树采摘等破坏古茶树资源，以及滥施农药化肥，严重威胁古茶树生长环境和严重影响古茶品质等一系列问题。

具体章节为第一章，总则，共八条。主要规定了《条例》的立法目的、适用范围、概念定义、调整原则，以及市、县（区）人民政府和各相关部门、单位，古茶树资源所有者、管理者、经营者在古茶树资源保护、管理、开发、利用中的职能职责、保护义务，设定茶节等。第二章，保护与管理，共八条。主要规定了古茶树资源保护的职能部门和相关部门的工作职责范围、重大事项决策方法、资源普查、资源数据库的建立、监控监测、管护技术规范、建设项目避让、禁止性行为等。第三章，开发与利用，共四条。主要规定了古茶树资源开发利用的原则、古茶树产品地理标志保护、古茶树资源旅游景区、景点开发，以及茶文化传播等。第四章，服务与监督，共五条。主要规定了各级政府及有关行政部门检查、监督、评估规划的实施情况及建设、维护、搬迁的责任制度，古茶树产品地理标志保护、古茶树树龄认定、建立古茶树资源保护综合信息平台，以及建立便民服务制度和古茶树资源管理违法行为举报、投诉制度等。第五章，法律责任，共三条。主要规定了针对违反《条例》第十六条相关禁止性行为的法律责任，以及对政府职能部门的监督问责等。第六章，附则，共两条。主要规定了古茶树资源保护涉及的自然保护区、国家公园、森林公园、城市规划区内的古茶树资源的法律依据，以及《条例》的施行时间。

第五节　《普洱市古茶树资源保护条例》的立法价值

一、法律价值

法律是国家治理的工具，是最具权威性的准则。以立法形式进行资源调配，体现了国家在资源调配方面的权威性，增强了国家在资源配置方面的科学性和权威性。国家在资源调配方面需要进行科学的规划与设计。同时，科学立法，使所立之法满足社会需要，又能促进社会发展，体现了国家在资源调配方面的科学性。古茶树资源是一种特殊资源，属于自然形成又需要人工配合的资源，其形成往往需要百年以上乃至上千年时间，其稀缺性可见一斑，加之近年来国人茶饮消费的高涨以及对茶饮品质要求的不断提高，古茶树资源的保护与利用矛盾凸显，国家对古茶树资源进行立法，能够增强国家在资源配置方面的科学性和权威性。

我国正在全力建设社会主义法治国家，依法治国是我国的一项基本国策。地方政府担负着治理地方、团结人民群众、发展地方经济的重要责任，而地方政府赖以治理地方的手段便是法律授予的权力。权力的来源必须合法，权力的授予必须科学。只有提高地方立法水平，只有以科学、合理的地方立法程序进行立法，才能确保立法的科学化。只有不断地调研，结合实际情况，才能确保立法的合理化。普洱市自取得地方立法权后，积极开展地方立法工作，通过前期准备，结合地方实际情况，根据地方经济社会发展当中所体现出的突出问题，组织专业力量制定了第一部普洱市地方法规——《普洱市古茶树资源保护条例》。该条例的制定和出台，先后经过23次审改、9次基层调研、7次专家论证和2次社会公开听证。《条例》的出台是普洱市对古茶树资源的保护措施的有力整合，更使地方性立法在资源保护和利用中走上前台，为后续的各项保护提供了法律的支持和保护，为资源的保护和利用增添了至关重要的一笔。随着政府宣传教育工作的逐年深入，加之古茶树产品近十几年来经济价值的飞升，从笔者在景迈山茶产区的前期调研情况来看，绝大多数栽培型古茶树的所有者目前都懂得了古茶树资源的珍贵性，不再出现随意砍伐、随意移栽、随意采摘等破坏古茶树资源的行为，取而代之的是产生保护古茶树资源的强烈需求。而古茶树资源立法仅仅是普洱市地方立法的起点，《普洱市古茶树资源保护条例》为今后普洱的城乡建设与管理、环境保护、历史文化保护等方面的立法提供了理论与实践的参考，为普洱市良法善治奠定了坚实的基础，具有里程碑的意义。

二、经济发展价值

从法律经济学角度来讲，法律虽然是社会治理的工具，其外在表象是强制性和排他性，但法律同样是经济社会发展必不可少的一项工具。尤其从地方政府角度出发，为达到地方社会治理与地方经济发展协调统一的目标，需要一种能够将社会治理与经济发展融合的手段，而地方立法权恰恰给予了地方政府解决社会治理与经济发展融合问题的途径。一部切合实际的地方立法，一定能够达到促进地方社会治理的目的，也一定能够促进地方经济社会发展，例如普洱市出台《普洱市古茶树资源保护条例》，首先对古茶树资源的开发利用进行了规范化的管理，使普洱市内古茶树资源得到更好的治理与保护，同时还因为出台了专门的地方性法规，使古茶树资源相关产业得到了良好的发展，使经济向着规范化、系统化、专业化方向发展。

(一) 促进普洱茶产业健康发展

普洱茶产业作为普洱市的支柱产业之一，有着悠久的历史，从驯化、培植茶树开始，普洱茶历经千年时光。近年来，随着普洱茶产业的逐渐发展，普洱茶产业所面临的问题也呈现在世人面前。一是以次充好，官方统计普洱茶产量逐年上升，但是随之而来的却是品质的下降，多数情况下存在着以台地茶冒充古树茶，以农药茶冒充有机茶，以做旧茶冒充陈年茶的不诚信情况，直接影响普洱茶产业的健康发展。为解决上述问题，普洱市由点及面，首先从古茶树资源入手，制定颁布《普洱市古茶树资源保护条例》，旨在保护古茶树资源，避免对古茶树资源的破坏，同时也避免以假充真、以次充好情况的发生，从源头、生产、加工、销售等多个方面确保古茶树资源产业的健康发展。

(二) 促进茶农增收脱贫

古茶树资源是一种生长在深山中的资源，是一种需要发现、保护、开发和利用的资源。古茶树资源多存在于山地林地中，承包单位多为农户。茶农是普洱茶产业不可或缺的一个关键环节，但茶农多处于产业链的末端，其工作产生的附加值较低，很难提高自身收入水平。脱贫攻坚工作是普洱市近年来的重要工作，摆在各项工作的关键位置。脱贫攻坚关乎普洱市小康社会的建成，关乎社会主义新时代的建设，关乎党的领导，所以促进茶农增收脱贫也是本阶段普洱市的重要工作之一。对普洱市古茶树资源进行立法保护，有助于促进行业的健康发展，有助于使茶产业各个环节体现出应有的价值。对于茶农本身，相关法律的出台，体现并保护了茶农管护、培育古茶树资源的重要性，从而使茶农的价值得到体现，提高茶农工作的附加值，以达到让茶农增收脱贫、实现小康的目的。

（三）促进区域绿色协调可持续发展

普洱市是国家唯一的绿色经济试验示范区，其秉承着绿色发展的理念，一直坚持绿色、生态、可持续的发展方式。普洱茶产业作为普洱市的支柱产业之一，属于典型的绿色经济产业，其产业发展一直秉承着有机发展、可持续发展的原则。古茶树资源是普洱茶产业中的一种重要产业类型，古茶树资源的开发、利用和保护需要统筹协调，需要在普洱市作为绿色经济试验示范区这一前提条件下开展。这就要求在古茶树资源的开发、利用和保护中，要坚持绿色发展原则，也就是要选择有机、无公害或绿色的利用和保护方式，坚持可持续发展的原则，将古茶树资源这一"绿水青山"变成"金山银山"。《普洱市古茶树资源保护条例》的出台，使得古茶树资源的保护、开发和利用变得有法可依，使古茶树资源的绿色可持续发展有了法律支持，不仅有利于普洱市国家绿色经济试验示范区的建设，更有利于地方经济的绿色、协调、健康和可持续发展，为绿色经济的发展和道路选择提供了有益的理论借鉴和实践基础。

（四）使边疆少数民族地区得到有效治理，从而达到治理与发展协调统一

普洱市地处我国西南边陲，与三个国家接壤，是我国重要的边境城市之一，下辖九县一区，九县均为民族自治县，辖区内世居13个少数民族。普洱茶产区，特别是古茶树资源所在地区均是民族自治地区，古茶树资源的保护开发事关民族团结、扶贫开发、经济发展等诸多问题。普洱市也是一个多民族聚居的地区，我国历来实行民族团结政策，增强民族的凝聚力和向心力，维护民族团结。对于普洱市而言，古茶树资源的保护利用直接关乎脱贫攻坚、民族团结以及区域经济发展和文化传承保护。

普洱市对古茶树资源的保护与开发利用进行立法，有助于充分保护和开发利用古茶树资源，有助于为古茶树资源的保护与开发利用提供切实的法律依据，使古茶树资源的保护行为不再杂乱无序，使古茶树资源的开发利用不再违背自然规律，使

绿水青山得到切实的保护，更使绿水青山在法律许可的条件下变成金山银山，使绿水青山在法律的促进下变成金山银山，使边疆少数民族地区得到有效治理，从而达到治理与发展协调统一。

三、历史文化价值

古茶树资源是一种珍贵的、稀缺的、独特的资源，古茶树资源不仅仅是一种自然资源，其形成的过程除了自然形成的生态系统以外，还受历史形成的人文因素影响。古茶树资源是历史形成、文化传承、自然发展相融合的产物。古茶树资源不仅代表了普洱茶产业一个重要的类型，更是普洱地区千百年来人文和自然叠加影响、相互交织形成的一种独特的文化资源。古茶树资源是普洱茶的一块招牌，是普洱历史文化的一种象征，是世界人民的一项遗产，制定出台《普洱市古茶树资源保护条例》，将古茶树资源进行立法保护，有助于保护好古茶树资源的自然资源属性，更有助于传承和发扬古茶树资源的人文资源属性，切实将二者有机结合在一起，形成独特的古茶树资源文化，既拥有古茶树自然资源，又建立古茶树资源保护法律制度，并继承和发扬古茶树资源的人文属性，让古茶树资源这一珍贵的历史文化遗产传于后世，具有较高的历史文化价值。

（一）打造普洱茶文化基地

普洱市作为普洱茶重要的原产地之一，普洱茶文化已经深入城乡的各个角落，也已经深入每个市民心中。普洱茶作为重要文化标志，是普洱市对外宣传的一块金字招牌。为打造普洱茶文化基地，普洱市重点从三个方面开展了相关工作。首先，创建了普洱茶名山联盟，普洱茶产业以产区山头区分具体茶叶品种，例如易武普洱茶、景迈普洱茶、凤凰窝普洱茶、邦崴普洱茶等，普洱市率先在全市范围内开展普洱茶名山联盟，旨在确保普洱茶的产品质量，提高普洱的知名度，提高普洱茶产业的行业自律和行业管理。其次，开展普洱茶特色小镇建设，普洱市携手普洱茶产业龙头企业澜沧古茶公司共同打造国家级特色小镇——普洱茶小镇。该小镇的建设，使普洱市更加具备了普洱茶文化基地的特点，使普洱茶文化有了国家级的基地。同时，规划建设中的普洱茶博物馆为普洱茶文化基地的建设增添了强大的助力。再次，《普洱市古茶树资源保护条例》的颁布施行，有机地促成了普洱茶文化保护，使普洱茶文化不仅包含自然资源和历史文化，还包含了人文精神以及法律规则，使普洱茶文化真正成为一种集资源、历史和人文于一体的文化。

（二）助力景迈山古茶园世界文化遗产申报工作

普洱市澜沧拉祜族自治县辖区内有一座历史悠久的名山，其名为景迈山，布朗族世代居住在景迈山，与布朗族人在一起的，还有他们世代守护的景迈山古茶园。景迈山古茶园是普洱茶文化产业的标志之一，是由野生古茶树、人工培植古茶树、茶园、村落以及少数民族文化等诸多因素组成的，它也是普洱市申报世界文化遗产的重点项目。对普洱茶尤其是古茶树资源进行立法保护，对普洱茶自然资源和人文影响的关系进行研究，有助于保护和促进古茶树资源的保护、开发和利用，有助于将人文影响与古茶树资源的自然规律相协调，使自然与人文和谐相处。世界文化遗产是经联合国教科文组织认定的文化遗产，景迈山古茶园进行申遗工作，标志着景迈山古茶园不再单纯地具有茶园这一自然资源属性，而且具有文化遗产属性。其文化遗产属性表现在两个方面：第一，景迈山古茶园是在野生古茶树资源的基础上形成的茶园，是千百年来经过几代人的辛勤劳动才形成的茶园，其凝聚了劳动人民的血汗；第二，景迈山古茶园不仅仅包含茶园，还包括历史遗留的村寨以及文化等，其是景迈山地区人民千百年来与自然和谐相处、共同发展的见证。现在景迈山古茶园在法律的规制和促进作用下，申报世界文化遗产工作正在有序开展中。

（三）以古茶树为媒介，推进普洱茶文化的向外扩展

茶不仅仅是一种饮品，也是一种文化传播的媒介。普洱茶产业作为普洱市的支柱产业，特别是古茶树资源作为普洱的一块招牌，更担负着将普洱茶文化向外扩展的责任。以古茶树作为媒介向外扩展普洱文化的方式有以下几种。

首先，以古茶树资源为产品核心，使普洱茶产品得到更多人的认可和推广，使普洱茶对外的影响力持续增长。古茶树资源最显著的特点是以古茶树产品为媒介，以良好的口感和公认的养生价值为纽带，使消费者认可古茶树资源茶叶产品。打造以古茶树资源为核心的产业产品，是增强普洱茶竞争力和影响力的一项重要举措，是推进普洱文化向外扩展的一项重要手段。

其次，以古茶树资源文化为载体，加快普洱茶文化对外的融合。古茶树资源不仅仅体现为自然资源，还形成了独特的历史资源和文化资源，将古茶树资源独特的

文化特性进行提炼，以现代手段进行文化宣传，可使古茶树资源的文化特性得到充分的发扬。特别是景迈山古茶园作为准备申报世界文化遗产的项目，其古茶树资源文化能够展现在世界人民面前，能够将普洱茶文化向世界推广。

再次，以古茶树资源作为城市名片，以《普洱市古茶树资源保护条例》及正在制定中的实施细则等法律法规作为优势和特点，可将普洱茶文化进行对外宣传。普洱市拥有丰富的古茶树资源，同时利用法律对古茶树资源的保护进行规制。随着相关法律的制定颁布和实施，更多的消费者会认为普洱市古茶树资源是得到科学管理和保护的资源，普洱市的普洱茶产品，特别是古茶树资源产品是真正的有机、生态产品。

综上所述，好的普洱茶产品有助于树立良好的普洱形象，有助于形成普洱茶文化。有效的推广手段能够让普洱茶文化健康地传播。同时，科学、合理地制定法律有助于将普洱茶文化以一种健康、向上的形象对外推广。

（四）以茶为中心，形成普洱茶文化向心力

不仅要对外大力推广普洱茶文化，还应加强普洱茶文化的向心力和凝聚力。普洱市地处西南边陲，世居着 13 个少数民族，是我国民族团结示范区之一。普洱市内各个民族都能与茶产生历史、文化和生活上的关联，历史上各民族均以种植、生产、加工、销售普洱茶为重要的经济手段，普洱茶是普洱市的支柱产业。普洱市出台《普洱市古茶树资源保护条例》，有助于统一各民族同胞之间对普洱茶这一产业，特别是对古茶树资源的重要性的认识，有助于增强各民族同胞对普洱茶文化的认同感，有助于通过普洱茶文化增强各民族之间的融合，有助于形成普洱茶文化的向心力，使普洱茶真正成为普洱人民认可的城市文化标签，使古茶树资源不仅能得到法律法规上的保护，还能得到各族人民发自内心的保护与珍惜。

（五）弘扬优秀的少数民族文化

众多民族聚居地区的普洱古茶山，环境优美，民风淳朴，民族风情多元，悠久的民族传统文化把民族生活和自然环境密切相连。民族传统文化是中华文化当中不可分割的一个重要组成部分。在普洱当地，从最早的先民濮人种茶，到汉族、傣族、布朗族、佤族、哈尼族、彝族、拉祜族等多个民族聚居栽茶制茶，各民族世世代代以茶为邻，以茶为业，以茶为生，甚至以茶为祖，以茶为神。茶文化已经深入各民族生活和文化的方方面面。所以，我们保护古茶树资源，若想做到有效立法，就必须保护和弘扬各民族茶文化。

　　普洱市澜沧县景迈山芒景村的最后一个布朗族王子的直系后裔、少数民族学者、云南省非物质文化遗产布朗族习俗传承人苏国文老师就曾提出："在我看来，保护古茶山和保护民族文化就是同一回事。因为古茶山是物质的东西，民族文化是意识的东西，哲学上就讲，物质和文化相互作用。你们有没有思考过为什么全世界那么多的祖先传下来的东西都湮灭在历史当中，而我们的古茶山却从祖先手上传下来，一代代相承，两千年过去，直到现在祖先的古茶树还健康地生长在景迈的茶园里？这就是因为祖先保佑了我们的古茶山啊，是我们世代相传的民族文化和民族信仰保护了古茶树啊。我们的先祖，带着我们来到景迈的第一位布朗族的土司王帕哎冷临终前，给布朗族后人留下庄严而又有哲理的遗训说：'我要给你们留下牛马，怕遭自然灾害死光；要给你们留下金银财宝，你们也会吃完用光。就给你们留下茶树吧，让子孙后代取之不尽，用之不竭。你们要像爱护眼睛一样爱护茶树，继续发展，一代传给一代，决不能让其遗失。"① 这个遗训成为布朗族后人世代遵循的法则，与当前社会倡导的可持续发展理念高度吻合，形成了普洱古茶树独特的文化。

---

　　① 苏国文：《芒景布朗族与茶》，云南民族出版社 2009 年版，第 17 页。

第二章　古茶树资源保护立法相关问题的理论分析

　　地方立法是中国特色社会主义法律体系的组成部分，党的十九大报告指出，要"推进科学立法、民主立法、依法立法，以良法促进发展、保障善治"。立法工作须坚持科学立法、民主立法、依法立法。科学立法、民主立法、依法立法是提高制度建设的质量的总体概括，是提高制度建设的质量的根本性原则。科学立法的实质是把握立法工作和法本身的客观规律。民主立法的实质是用民主的方法体现民意和广大人民群众的根本利益与诉求。依法立法的实质是立法活动应当在宪法和《立法法》指引下，依照法定权限，遵循法定程序，保障法律整体内容的协调性，以维护社会主义法制的统一和威严。普洱市开展古茶树资源保护立法工作是普洱在结合加快建设国家绿色经济试验示范区的基础上，以构建生态文明社会为目标进行的一次大胆的尝试和探索。解决立法中内涵与外延，立法的基本问题、基本矛盾，在相关机制中始终以科学立法、民主立法、依法立法基本理论为指导。

第一节　科学立法、民主立法、依法立法的基本要求

　　一、科学立法、民主立法、依法立法的基本要求

　　科学立法，就是要求立法要科学。立法科学，才能科学立法，才能立出科学的法。科学立法的实质是把握立法工作和法本身的客观规律。民主立法的实质是用民

主的方法体现民意和广大人民群众的根本利益与诉求。

（一）符合法定权限和程序，维护法制统一

符合法定权限和程序，维护法制统一是衡量制度建设的质量的法律标准，即依法立法。要维护宪法的权威和尊严，严格按照法定权限和程序建章立制。"法不公则不善"，下位法必须符合上位法的规定，不得与上位法相抵触，这是立法合法性的要求。依法立法，要求立法要严格遵守宪法和上位法，以维护法制统一和中国特色社会主义法律体系的内在和谐。

（二）遵循并反映经济和社会发展规律

遵循并反映经济和社会发展规律指立法所调整、规范的事项，为解放和发展生产力服务，避免一些制度成为影响甚至阻碍生产力发展、社会财富增加的绳索。是否遵循并反映经济和社会发展规律，是衡量制度建设质量的科学性的根本点。立法要着力把握所调整事项的发展规律，要体现创新发展理念、转变发展方式、破解发展难题的要求，为解放和发展生产力服务，防止法律规范成为影响甚至阻碍发展的制度障碍。

（三）坚持以人为本，充分发挥公民、法人和其他组织的积极性、主动性和创造性

坚持以人为本，体现最广大人民群众的根本利益和共同愿望是法律的本质所在。因而，这是衡量制度建设质量的本质标准。任何制度都应当有利于促进人的全面发展，为多数人所认同，应当坚持发展为了人民、发展依靠人民、发展成果由人民共享，走共同富裕道路的原则，而不是相反。这也是法律规范得以实施，充分发挥其效能的社会基础，是我国人民当家做主的体现。在地方立法过程中，地方立法权由地方人民代表大会行使，地方政府肩负着地方法律的起草责任，在起草过程中，应始终将人民群众的利益放在首位。普洱市颁布实施的《普洱市古茶树资源保护条例》，在制定立法规划之初就进行了大量的调研和听证工作，在立法起草过程中，通过实地走访和立法相关的基层群众，以及召开向社会公众公开的听证会等程序，切实了解了相关群众的利益诉求，也掌握了工作开展过程中可能存在的问题，正是由于从人民群众利益出发，《条例》颁布实施后得到了各方的一致好评。

（四）立法中包括并确立有效的法律实施机制

法律能否得到良好的实施，取决于法律之外的体制、机制，也取决于法律自身确立的实施机制。可见，是否确立了有效的法律实施机制，是衡量制度建设质量的实效性标准。法律的生命在于实施，法律的权威也在于实施，需要把加强法律实施摆到更加突出的位置。立法要统筹考虑立法和法律实施，要把确立有效的法律实施机制作为立法的重要任务。

（五）法律规范的内容明确、具体，具有可操作性

法律规范的内容明确、具体，具有可操作性，能够切实解决实际问题，同时，内在逻辑严密，语言规范、简洁、准确，这是衡量制度建设质量的形式标准。形式反映内容，内容必须要借助一定的形式来表现，形式是构成质量的重要部分。因此，作为制度建设的主要形式的法律、法规、规章和规范性文件，不仅表达的内容要具体、明确，具有可操作性，能够切实解决实际问题，而且内在逻辑要严密，语言要规范、简洁、准确。

二、坚持科学立法、民主立法、依法立法应把握的规律

（一）立法是主观性与客观性的统一

立法是主观性与客观性的统一，是认识、把握制度建设规律的认识论前提。从根本上说，制度建设是人的主观见之于客观的反映。一方面，制度是依据人的主观认识来制定的，一项制度制定得好与坏，与制定者的认识水平和能力有很大关系；另一方面，制度所调整的社会关系又是客观的。因此，制度建设必须从实际出发，深入调查研究，掌握第一手材料，不能从本本、概念出发，不能搞土教条，也不能搞洋教条。

（二）应然性与实然性的统一

应然性是指所制定的制度应当是什么样，实然性是指所制定的制度实际上是什么样。制度的应然性要求制度必须符合事物的本质和规律，必须符合人们本来的价值追求，具有公认的道德基础。制度的实然性要求制度必须符合客观现实的需要与可能，对客观条件不具备或者目前还过高的一些要求，在制定制度时就要注意加以避免，否则，所制定的制度就会行不通。改革时期制度建设的应然性与实然性矛盾非常突出。理想与现实是一对永恒的矛盾，也正是由于这一矛盾的存在，制度才得

以不断发展、不断完善。因此，制度建设工作必须善于发现问题和矛盾。一方面，要力求实现制度的科学性，使制度符合事物的本质、规律和发展方向；另一方面，对一些由于实践经验不足，人们的认识还难以统一的问题，可以暂不予规定，待条件成熟时再作补充。

（三）普遍性与特殊性的统一

制度是社会一体遵循的规范，而社会现象又是纷繁复杂的。做好制度建设工作，首先，必须善于对复杂的社会现实及个案进行全面的分析和把握，以从中抽象出普遍适用的规则。制度的执行是从一般到个别，制定制度则是从个别到一般。其次，任何普遍规则都有例外，在确立普遍规则时，要妥善地规定例外，以保持制度的适用性。再次，在研究、确定规则时，对重大原则问题必须是非分明，态度明确，敢于坚持，同时又要注意照顾各种具体情况和不同意见，实事求是地灵活处理各种矛盾。

（四）民主性与集中性的统一

多谋才能善断，体现多数人的智慧是法律优越性的表现。要充分听取各方面的意见，尤其是基层单位、基层群众的意见。集中性主要是把各种意见集中到党的路线、方针、政策上来。

第二节 普洱市古茶树资源保护的立法原则

一、法治原则

法治原则是当代社会立法工作的基本原则。我国正在全力建设社会主义法治国家，法治原则是我国在各项工作中需要一直坚持的基本原则，也是在地方立法工作以及地方经济社会建设发展过程中需要坚持的一项基本原则，应当始终放在各项原则的首位。立法工作首先要遵循法治原则。

（一）严格遵守宪法及其他上位法

普洱市在国家地方行政规划中属于云南省属地级市，2015 年 3 月 15 日，于北京召开的第十二届全国人民代表大会第三次会议上，全国人大决定对《中华人民共和国立法法》中有关地方立法的规定作出修改，具体修改为：地方立法权除省、自治区、直辖市以及"较大的市"能够行使以外，所有设区的市（自治州）也可以在城乡建设与管理、环境保护、历史文化保护等三个方面行使地方立法权。至此，全国范围内所有设区的市（自治州）以及设区的市（自治州）以上的城市在城乡建设与管理、环境保护、历史文化保护等三方面都被赋予立法权限。

随着地方立法权开始行使，普洱市在制定地方法律法规时，不仅要结合本市实际，做到从实际出发，切实解决在本市范围内出现的在地方立法权范围内的问题，还要处理好地方立法与上位法之间的关系。因地方立法权的权力边界有着严格的限定，不能创设权力，亦不能取消权利；不能加重义务，更不能减轻义务，所以地方立法权应当严格遵守上位法的规定，在上位法有明确规定时，应在上位法明确规定的范围内根据本市实际情况进行法律条文制定，在上位法没有明确规定时，应注重不要产生权利义务的增设或减损，同时，在没有上位法依据时，地方立法还应注重与政策、制度的有效衔接，使地方法律成为上位法与地方实际、政策制度与法律法规有效衔接和落实的纽带。

（二）厘清各方权力义务与权利义务，充分保护合法的私法权利

法律是一种对权力进行制约和约束，又为权力的行使提供依据支撑的制度建设，同时法律也是一种为权利设定合法与非法界限，又为合法权利提供保障的一种制度建设。古茶树资源保护的法律制度建设，是一个需要梳理在古茶树资源保护过程当中权力、权利与义务之间的关系，明晰各方权、责、利的过程，是进行法益上的利益衡量与评判的过程，是形成管理与促进并行的过程，重点要明晰以下两个方面关系。

一是应明确权力与权利之间的关系。权力，是统治者享有的对被统治者进行统治的一种强制性的合法手段。因我国是社会主义国家，国家的权力来源于人民的授权，所以我国的最高权力来自人民，全国人民代表大会是我国的权力机关，各级行政机关受其委托和监督行使权力。人民代表大会制度通过法律的制定来对各级行政机关赋予行使权力的合法性基础，同时各级人大及其常委会通过对行政机关的监督，确保行政机关行使权力的合法性。权利是被统治者享有和支配的，受法律保护，不受任何侵犯。我国是社会主义法治国家，人民是权力的拥有者和行使者，而

人民的权利通过人民代表大会制度予以明确和保障。虽然权力和权利的来源相同，但其行使的主体却存在区别，权力是通过行政机关的行政管理来行使的，而权利则需要国家机关，特别是权力机关的保障才能真正得到体现。

二是应严格落实各方义务。与权力对应的义务是指权力的行使机关必须严格遵守法律法规的规定，严格落实法律法规的要求，充分保障权利的行使。而与权利对应的义务则是指遵守国家法律法规的规定，充分履行一个公民主体应承担的责任。

在日常生活中，权利需要权力来保障，若权力未对权利进行保障，则需要法律和各级人大及其常委会进行管理和监督。所以，对合法的私权进行保障，是权力的应有之义，更是制定法律法规的题中之义。

（三）结合普洱市民族自治县多的实际充分调研论证，制定切实可行的地方法规

我国是一个多民族国家，实施民族区域自治是党和国家解决我国民族问题的一项基本政策，也是国家基本的政治制度之一。实践证明，实施民族区域自治，符合我国的具体实际，有利于维护国家统一和充分尊重、保障各民族管理自己内部事务的权利，有利于最大限度发挥各族人民当家做主的积极性。普洱市作为我国西南边陲城市，其下辖的九县一区中九县全部为民族自治县。澜沧拉祜族自治县 2009 年已出台了《云南省澜沧拉祜族自治县古茶树保护条例》，因此普洱市的地方立法工作，应在遵守国家法律法规的基础上，考虑和尊重民族自治县的实际情况，进行充分调研论证，制定切实可行的地方法规。

二、绿色发展原则

绿色发展是以效率、和谐、持续为目标的经济增长和社会发展方式。在地方立法中贯彻绿色发展原则是坚持科学立法的具体体现。普洱市是国家绿色经济试验示范区，是国家绿色发展的试验基地，担负着为国家尝试一条绿色发展、健康发展、协调发展之路的责任。在普洱市创建国家绿色经济试验示范区的过程中，根据报经国家发改委审核同意并公示的国家绿色经济试验示范区建设规划，普洱市范围内资源的利用和开发应遵循绿色发展、可持续发展的原则，应出台相关制度保障绿色发展落到实处。2016 年 8 月普洱市获得地方立法权，普洱市政府从当地经济社会实际情况出发，紧扣经济支柱产业，始终围绕绿色发展想办法、拓宽思路，首先制定并颁布实施了《普洱市古茶树资源保护条例》地方性法规，在地方法律的制定过程中，"绿色发展"原则贯穿地方法律制定过程的始终。《普洱市古茶树资源保护条例》在调研、起草和制定的过程中，始终贯彻"绿色发展"的原则，在对古茶树开发、利用行为进行法律规制的同时，将立法目的着眼点放在了古茶树资源的保护和发展上，将立法的落脚点真正落实到促进古茶树资源绿色、健康、可持续发展上。

（一）始终将保护"绿水青山"放在首位

我国是一个疆域面积广阔的国家，普洱市辖区面积也非常广阔，总面积 45 385 平方公里，是台湾省全省面积的 1.5 倍。普洱市辖区内河流湖泊、电站库区、高山草甸、平原山地、喀斯特地貌等多种地形结构与水文结构相交错，矿产资源、水利资源、生物资源、森林资源丰富。借被确定为国家绿色经济试验示范区之契机，普洱市在经济发展和资源开发利用的过程中，始终清醒地将保护"绿水青山"作为各项工作的重点方面，充分认识到只有保护好普洱市的"绿水青山"，普洱市的资源才能够更好地发挥作用，普洱的绿色品牌才能得到不断的发展和宣传，才能够形成资源优势从而促进当地社会经济发展，助力脱贫攻坚和全面建成小康社会的工作。

（二）积极探索，努力将"绿水青山"变成"金山银山"

普洱市拥有丰富的自然资源，同时十分重视对"绿水青山"的保护和合理开发利用。但是普洱市也是国家级贫困市，脱贫攻坚时间紧、任务重，部分地区贫困面广、贫困程度深，虽然世代守着"绿水青山"，却没有有效途径将"绿水青山"变成"金山银山"。面对上述现实，普洱市从实际出发，积极探索有效途径，通过《普洱市古茶树资源保护条例》的制定，将普洱市的"绿水青山"以法律的形式向世界进行宣传，使世界范围内的消费群体知晓普洱市的"绿水青山"，从而拓宽销售和消费渠道，将"绿水青山"变成"金山银山"。

（三）着眼于绿色发展，打造绿色经济

普洱市作为国家绿色经济试验示范区，其经济发展方式始终以绿色发展为导向，其发展始终严格按照国家绿色经济试验示范区规划进行。随着国家绿色经济试验示范区建设的不断深入，普洱市各个方面的发展均需要遵循一套绿色发展的制度来运行，从而保障绿色经济发展的有章可循和有序发展。普洱市积极开展地方立法工作，就是为了解决绿色经济试验示范区建设当中遇到的建设标准不一问题，就是为了解决绿色发展理念不统一的问题。普洱市古茶树资源的立法工作对绿色发展制度化的重要性体现在以下几个方面。

第一，绿色发展是一个宽泛的概念，绿色发展强调的是"绿色"，而落脚点则是"发展"。"绿色"是指一种低能耗、低污染、高利用率、可持续、健康环保有机的模式，在这种模式下，传统的高污染、高能耗、低利用率的产业属于夕阳产业，应列入淘汰产业范畴。但随着工艺手段的提高，以往高污染、高能耗、低利用率的产业也可能成为低污染、低能耗和高利用率的产业，这就使得"绿色"这一概念有了一个宽泛的范畴，有了一个流动的可能。也就是说曾经不符合"绿色"范畴的产业和模式，可能在经过提高利用工艺的基础上，符合"绿色"产业和模式范畴。

第二，绿色发展的特性体现在"发展"上。发展是绿色经济的出发点和落脚点，发展绿色经济，是从我国人均拥有自然资源水平较低的角度和我国资源利用率低的角度出发，以一种低污染、低能耗、高利用率的发展模式来发展经济。而发展绿色经济的落脚点，无疑是要促进经济的发展，从而促进社会进步，提高居民生活和收入水平，增加国家收入。所以绿色发展最终还是要发展，绿色经济试验示范区的建设就是要走出一条绿色发展的道路。

第三，普洱市开展地方立法工作，就是将绿色发展作为制度落实到地方经济社会的建设和治理中。普洱在绿色经济试验示范区建设伊始就针对辖区内古茶树资源开展立法研究，从古茶树资源的划定范围、保护方式、知识产权以及法律责任等方面进行法律规定。同时，《普洱市古茶树资源保护条例》的颁布，让普洱市古茶树资源市场也得到了良好的发展，对以往古茶树资源市场乱象进行了积极的治理，对古茶树资源的保护和宣传起到了良好的效果。

三、民主原则

坚持民主原则，是我国法治社会建设的一项重要原则，建设法治社会的目的就是维护民主。在我国的社会主义核心价值观中，民主居于重要地位。在地方立法工作中坚持民主原则，将民主原则落实到地方立法工作的各个环节，有助于科学、合理地开展立法工作，有助于将法律落到实处。一部法律的制定和出台，至少需要经过调研、起草、审改、审核、公布实施、后期评价等诸多阶段，每个阶段都呈现出了不同的工作和专业特点，《普洱市古茶树资源保护条例》主要通过基层地区调研、专家论证和公众参与等贯彻民主原则。

（一）充分调研

法律是一种在一定范围内对所有公民均具有约束力的制度。立法的最终目的是让社会有序运行，因此，一项法律的制定和修改完善，都需要对其调整范围内的政治、经济、社会和人文条件进行深入的研究和了解，深入发现在社会运行过程中存在的问题，剖析问题产生的根源，从而通过立法途径对问题加以解决，达到利用法律对社会进行治理的目的。而如何发现社会运行过程中的问题并剖析其产生的根源，是立法的基本问题。只有充分调研后发现的问题，才能切实制定出符合实际的法律，这样的法律才能真正用来对社会进行有效治理。在调研阶段，需要深入基层调研相关问题和问题产生的根源，需要进行大量的田野调查，需要从法律调整的目标对象和法律关系出发，运用社会学、专业性的视角进行调查研究。为此立法小组深入宁洱困鹿山、澜沧景迈、芒景、镇沅九甲等基层进行调研，收集整理到了第一手资料，发现了问题，充分听取当地群众的意见建议，为立法奠定了坚实的基础。

（二）专家论证

立法工作是一项重要工作，无论是从国家立法层面还是地方立法层面，均属于重大决策事项。无论是国家层面立法还是地方层面立法，均需要经起草部门起草后报经人大审核通过后向社会公布。在立法过程中，法律起草部门由于人员配置及法律专业知识掌握水平问题，多数起草部门无法独立完成立法的起草工作，也无法根据立法技术以及调研发现的问题，从国家现有法律法规中提炼、总结出适应现实需要的法律条文，这就要借助专业人员对立法草稿进行专业论证并对法律的制定进行评估。对立法草稿进行专业论证，能使法律条文表述以及规定符合《立法法》及立法技术的要求，能使法律条文与现实情况紧密结合。对法律的制定进行评估，有助于对即将进行立法的拟办法律事项有一个合理的预期，有助于对社会风险和社会反映进行评估和把握，有助于掌握立法的可行性和周期性。

（三）公众参与

立法是一项对特定区域范围内政治、社会、经济、文化以及人文都会产生影响的制度建设。所以立法工作需要坚持民主性原则，需要确保公众的参与。只有让公众充分参与立法工作，立法机构才能制定出科学、合理的法律，才能使制定的法律真正适应社会的需求，真正解决现阶段社会发展中所面临的一些问题，才能真正使法律落到实处。立法工作的开展，需要公众参与，包括但不限于立法规划设计、法律条文征求意见、立法听证、法律执行监督以及法律效果反馈等工作。一直以来，我们更多重视法律的制定，对法律执行的效果并未加以足够的重视。重视公众参与工作，不仅要使公众参与到法律的制定工作当中，也要使公众积极参与到法律实施的评价工作当中，只有这样，法律才能真正发挥其作用。为提高公众参与，立法小组两度向各县（区）人民政府、市直部门和在政府信息网公开征求意见；并于4月24日以市政府办名义向市直有关部门发出通知，要求各单位结合实际情况，提出与本部门职能职责相关的古茶树资源保护条款，并以书面形式加盖单位公章后反馈。

四、原则性与可操作性相结合

由于《普洱市古茶树资源保护条例》具有地方特别法规的性质，因此有纲领性、导向性的作用，所以对保护、管理和利用中涉及的比较复杂的问题一般只作了原则规定，主要是为政府以后制定操作性的规章提供依据，留有余地。比如对产业发展、知识产权，《普洱市古茶树资源保护条例》只作了原则规定。对法律、法规已有规定的如历史文化遗迹、古茶品牌保护等有关问题，也只作了原则规定。但对目前法律、法规没有细化规定的一些问题，《普洱市古茶树资源保护条例》则尽量作出具体规定，使其具有可操作性。

五、前瞻性与针对性相结合

《普洱市古茶树资源保护条例》的多数内容都是针对当前古茶树资源保护管理

和开发利用面临的主要问题规定的，比如规划、资金、补偿保护机制；如何规范政府行为、改善政府服务等，都是在调查研究和广泛听取各方面意见的基础上，有针对性地作出规定。有一些问题国家或省已作出了规定，但不适应普洱市客观要求，有些问题当前还仅是初现，但随着市场经济的发展完全有可能发生。针对这些问题《普洱市古茶树资源保护条例》，作出了前瞻性的规定。

六、市内实际与市外经验相结合

要把普洱这块金字招牌擦亮，守护好"世界茶源"，建设一流的茶区，既要从普洱的特点出发，也需要借鉴市外省外的经验，吸收和采纳一些成熟的经验和通行做法。立法小组主要到西双版纳、云南省茶科所、澜沧县、双江县、临沧市考察、学习，吸收、借鉴专家及周边州市、贵州省有关古茶树的立法经验和成果。从而确定了思路，结合普洱市实际，突出普洱市特色，借鉴版纳、临沧的经验，提升立法质量，在操作性上有较大突破，借以弘扬茶文化，推动产业发展。

第三节　普洱市古茶树资源保护立法中的基本矛盾、基本理论

一、立法的基本矛盾

在普洱市对古茶树资源进行立法保护工作的过程中，我们发现普洱市对古茶树资源进行保护和开发利用之间存在着诸多矛盾，如何化解这些矛盾成了古茶树资源立法保护工作的重要方面。从既要绿水青山又要金山银山这一基本工作思路出发，通过认真的调查走访和研究分析，我们认为普洱市古茶树资源保护立法工作中存在的矛盾主要有以下几个方面。

（一）古茶树资源保护范围与私法权利的矛盾

在普洱市开展古茶树资源立法保护工作的过程中，首先要解决的就是古茶树资

源的范围问题。古茶树的范围主要指的是野生型茶树、过渡型茶树和树龄在一百年以上的栽培型茶树；古茶树资源是指古茶树，以及由古茶树和其他物种、环境形成的古茶园、古茶林、野生茶树群落等。其中，栽培型古茶树的认定工作由林业草原行政主管部门组织专家鉴定后予以确认并向社会公布，也可以由栽培型古茶树的所有者向林业草原行政主管部门提出申请后进行认定。被列入古茶树资源范畴，就要受到《普洱市古茶树资源保护条例》的约束，但现实中，部分古茶树所有权归属于个人，因受眼前利益的驱使，古茶树所有权人往往会进行过度开发和利用，这就与法律中的保护优先、管理科学、开发利用合理的原则产生了矛盾冲突。同时，还有历史遗留问题。

在进行古茶树资源保护立法工作的过程中，古茶树资源在权属、利用、开发、保护及其经济活动的各个环节都存在着历史遗留问题，这些问题的发生，或由于科学意识不足，或由于长年累月的弊端积累，或由于人们意识的落后，或由于交通闭塞，或由于生态环境制约，或由于贫困落后等。这些问题虽然不能阻挡经济向前发展、社会持续进步的趋势，但这些问题的存在，却能够切切实实地对普洱市脱贫攻坚工作、产业转型发展、全面建成小康社会造成巨大的阻碍。特别是人们存在"靠山吃山"思想，由于当地资源丰富，物产丰饶，所以人们坐吃山空的行为和思想屡见不鲜。特别是近年来古茶树资源受到了越来越多的人的认可和青睐，原本处于贫困线以下的茶农，有些想依靠世代留存下来的古茶树达到一夜暴富的目的，往往对古茶树资源进行过度开发和利用，使古茶树资源受到了相当程度的破坏。

因此，保护古茶树资源首先要解决认识问题，只有全社会的认识达到一定统一，才能使古茶树资源得到有序的开发、利用和保护。只有使古茶树资源的所有者、使用者和受益者都意识到古茶树资源并不是一时的资源，而是一种可以世代流传、世代利用的绿色资源，是真正能够将绿水青山变为金山银山的资源；也只有让全社会意识到要对古茶树资源进行保护，才能使古茶树资源的价值得到最大的发挥，才能让古茶树资源造福于当代，并泽被后世。

（二）合法行为与违法行为在时间范围内的矛盾

在《普洱市古茶树资源保护条例》颁布施行后，在普洱市辖区内对古茶树资源的开发、利用和保护行为应严格按照其规定进行。但《普洱市古茶树资源保护条例》在施行过程中，在时间维度范围内与实际情况产生了矛盾之处。

从时间范围内来看，主要矛盾集中在对古茶树资源的传统开发利用保护行为与《普洱市古茶树资源保护条例》颁布施行后的开发利用保护行为之间。从时间上来看，法律颁布实施后对古茶树资源的开发利用保护行为进行规定，人民群众就有义务遵守相关法律规定，违反法律规定的就是违法行为。普洱市属于民族聚居区，多年来少数民族对古茶树资源的利用行为有其延续性，这些行为中部分行为在法律生效前不属于违法行为，但法律颁布后就属于违法行为，若没有对法律进行足够的宣传，法律没有得到人民群众的认可，则很多行为无法立刻得到改变。这就在时间上造成了合法行为与违法行为的矛盾，因此要解决后续制度建设问题。虽然普洱市针对古茶树资源进行了较为全面的立法工作，但仅仅一部《普洱市古茶树资源保护条例》的颁布和实施，远不能满足对古茶树资源进行有效保护这一现实需求。只有积极开展相关立法工作，尤其是充分发挥民族自治县立法优势，制定民族自治县相关条例，构建完善的法律体系和法律框架，才能实现对古茶树资源法律制度层面的全面保护。

（三）资源保护与开发利用发展之间的矛盾

普洱茶产业是普洱市的支柱产业之一，古茶树资源又是普洱茶产业中的一块金字招牌。普洱市积极开展针对古茶树资源的立法保护工作，为普洱市古茶树资源增加了法律保障，也以法律保障的形式向消费者展示了普洱市对古茶树资源的重视，为普洱市古茶树资源的品质贴上了法律保障的标签。对古茶树资源依法进行保护、开发和利用，就必须开创一条将绿水青山变成金山银山的致富之路。以往的经济发展模式是粗放型的发展模式，对环境资源的保护不够重视，这就造成了坚持以往发展方式与既要金山银山又要绿水青山的发展方式之间的矛盾。如何快速调整经济发展与资源保护、开发、利用之间的矛盾，是普洱市古茶树资源立法保护工作需要解决的一项难题，也是普洱市资源性立法工作的特点。这项难题能否得到解决不仅关系着"绿水青山就是金山银山"这一科学论断的实施，还关系着脱贫攻坚工作以及全面建成小康社会是否能够如期完成。

古茶树资源是用来造福子孙后代、造福社会的。在坚决打赢脱贫攻坚战这一政治任务的要求和全面建成小康社会这一宏伟目标的鼓舞下，必须将古茶树资源的经济价值发挥出来，但发挥经济价值并不意味着破坏，必须在保护的前提下才能合理开发和有序利用，只有这样，才能坚持可持续发展，才能落实绿水青山就是金山银山这一科学论断，才能不走"先污染、先破坏，后治理"的老路。

二、立法的基本理论

普洱市开展古茶树资源保护立法工作，是在遵循普洱市客观实际、加快建设国家绿色经济试验示范区的基础上，以构建生态文明社会为目标进行的一次大胆的尝试和探索。在进行立法的过程中，我们应坚持科学立法、民主立法、依法立法的基本，将其具体运用到地方立法实践中。

（一）坚持国家利益至上、人民利益至上

我国是人民民主专政的社会主义国家，人民是权力的拥有者和执行者，人民代表大会制度是我国人民治理国家的制度，各级人民代表大会是各级的权力机关，代表人民行使治理国家的权力。我国的立法机关是拥有立法权的各级人民代表大会，这就使我国的立法始终体现了人民的利益。而国家是由人民组成的，国家的最高权力机关是全国人民代表大会，所以人民的利益就是国家的利益。我国的立法工作，要始终坚持人民的利益至上、国家的利益至上，这才是我国人民民主专政的社会主义国家人民当家做主的体现。在地方立法过程中，地方立法权由地方人民代表大会行使，地方政府肩负着地方法律的起草责任，在起草过程中，要始终将人民群众的利益放在首位，始终将国家的利益放在首位。在制定《普洱市古茶树资源保护条例》之初，立法者就开展了大量的调研和听证工作，在立法起草过程中，通过实地走访和立法相关的基层群众，以及召开向社会公众公开的听证会等程序，切实了解了相关群众的利益诉求，也掌握了工作开展过程中可能存在的问题。正是由于始终坚持从人民群众利益出发，《普洱市古茶树资源保护条例》颁布实施后得到了各方的一致好评。

（二）遵循专业性、协调性的立法思路

在开展立法工作时，不能简单地将立法工作看作法律条文的堆积、组成过程，不能简单地将立法工作中遇到的问题用概括的形式加以应对。立法的过程中，要充分尊重立法工作的专业性，组成专业的立法工作团队，运用专业的立法知识和业务知识，对法律条文进行前后对应、协调共进的撰写与梳理，进行与立法有关的相关

部门、单位、群体等的论证、听证和审核工作。针对立法工作中遇到的问题，要以专业性的法律思维和业务操作思维进行问题的专题研究，寻找问题产生的根源以及代表性的问题，从而使立法工作切实解决实际问题，又兼具指导解决系列问题的属性。

（三）保护权利、制约权力

立法工作是一种能够对权利义务进行规定，对权力进行制定和约束的工作。立法工作最后呈现出的一定是明晰各个主体的权利义务关系，明确享有权力和行使权力的单位的法规。在对权利义务进行明晰时，立法工作，特别是地方立法工作应遵守上位法对权利义务的规定，不能自行创设权利，也不能自行增加义务。地方立法工作也不能对权力进行扩大解释，不能为权力设置更多的行使条件。权力和权利的最终归属都是人民群众，但其表象却不尽相同，权力来源于人民，通过人民代表大会制度行使，再通过授权交由各级行政机关、司法机关或其他可以行使权力的机构行使，其具有主动性的特点，而权利则是人民与生俱来的，是需要权力加以保障和维护的，其具有被动性的特点。在立法工作中，需要对权力和权利之间的关系加以认真研究，既要充分尊重权利、维护权利，又要使权力起到治理社会的作用，并对权力进行制约，以免权力被肆无忌惮地行使。同时权力与权利之间的关系并不是一味的制约关系，随着社会的发展，随着习近平总书记"把权力关进制度的笼子里"的科学论述的提出以及人民群众权利意识的觉醒，加上立法技术和执法水平的不断提高，权力与权利之间的关系更多表现为一种互相尊重、互相促进的关系。只有权力尊重权利，社会才能向着富强、民主、文明、和谐的方向发展；只有权利尊重权力，社会的治安、社会的运行才能更加有序、更加通畅。权力和权利来源相同，但因为表象不同，不时出现对立和矛盾的情况，立法工作需要对权利与权力的矛盾进行认真的研究，使权力与权利之间形成互相促进的局面。

（四）符合地方实际

随着我国《立法法》赋予设区的市（州）在部分领域享有地方立法权之后，地方立法工作便如火如荼地开展起来。地方立法是承上启下的立法，是最能够切合实际的立法，是将国家法律规定与地方实际紧密结合的立法。地方立法工作是我国法律体系中的重要环节，甚至直接影响国家法律与实际情况能否有效衔接，国家法律能否得到实际执行，实际情况能否得到有效的法律治理等诸多问题。我国的地方立法必须符合地方实际，只有从地方实际出发，地方立法才有生存和发展的根基；只有从地方实际出发，地方立法才能起到上位法不能起到的紧扣地方实际的效果；只有从地方实际出发，地方立法才能使地方实际得到有效的法律治理，才能促进地方法治社会建设，才能为依法治国贡献力量。

第四节　《普洱市古茶树资源保护条例》的制度机制安排

《普洱市古茶树资源保护条例》本着尊重自然规律和市场规律，以及可持续发展的理念，规定了对普洱市境内的古茶树资源采取先保护管理后开发利用的原则，并兼顾文化传承和品牌培育的全面推进。同时明确了保护对象及范围，即普洱市行政区域内的野生型茶树、过渡型茶树和树龄在一百年以上的栽培型茶树，把古茶树、古茶园、古茶林、野生茶树群落都包括在古茶树资源保护范围内，让古茶树资源得到最大限度的保护。为避免出现管理不到位和职责不清的现象，《条例》明确了执法主体为林业行政部门，由其负责古茶树资源的保护、管理、开发和利用，同时根据执法主体资格确定各部门的监督管理职能。为保证法律的有效实施，《条例》中进行了相关制度安排。

一、规划及普查制度

对古茶树资源管理的重要工作之一就是弄清古茶树资源状况。为强调政府和相关职能部门管理方面的职责，尤其是资源保护专项规划编制实施的职责，《普洱市古茶树资源保护条例》第九条"市县（区）林业行政部门应当会同农业、茶业等部门编制本行政区域内古茶树资源保护专项规划，经同级人民政府批准后实施"，第十条"市（县）区林业部门应当制定古茶树资源普查方案，组织对古茶树资源进行普查，建立档案，并向社会公布。古茶树资源普查每十年开展一次"，让古茶树资源保护对象和范围更加清晰可见。

二、监控预警、制定技术规范、夏茶留养制度

为了进行科学合理的养护，《普洱市古茶树资源保护条例》规定了监控预警，制定技术规范，对过渡型、栽培型古茶树应当采取夏茶留养的采养方式，每年六至八月不得进行鲜叶采摘等制度。

第十三条："县（区）人民政府应当建立古茶树资源动态监控监测体系和古茶树生长状况预警机制，并根据监控监测情况有效保护和改善古茶树资源保护范围内的生态环境。"

第十四条："市、县（区）林业行政部门应当制定野生型、过渡型古茶树管护技术规范，农业行政部门制定栽培型古茶树管护技术规范，开展古茶树管护技术培训和指导，监督古茶树资源所有者、管理者、经营者施用生物有机肥，采用绿色（综合）防控技术防治病虫草害。"

"古茶树资源所有者、管理者、经营者应当按照技术规范对古茶树进行科学管理、养护和鲜叶采摘。对过渡型、栽培型古茶树应当采取夏茶留养的采养方式，每年的六至八月不得进行鲜叶采摘。"

三、环境影响评价制度

《普洱市古茶树资源保护条例》对在古茶树资源保护范围内修建永久性建筑物等未经依法审批不得从事的行为进行了限制。对违反限制行为的，设置了相应的处罚措施。第十五条规定："单位或者个人在古茶树资源保护范围内依法建设建筑物、构筑物或者其他工程，在进行项目规划、设计、施工时，应当对古茶树资源采取避让或者保护措施。"第十九条规定："利用古茶树资源开发旅游景区、景点，确定旅游线路，旅游行政部门应当组织专家进行科学论证，听取林业行政部门的意见，依法办理审批手续，并根据环境承载能力，严格控制资源利用强度和游客人数。"第二十一条规定："市、县（区）人民政府应当组织对古茶树资源保护专项规划的实

施情况进行检查、监督和评估，并加强古茶树资源保护管理基础设施建设，有计划地迁出影响古茶树资源安全的建筑物、构筑物。"

四、禁止行为及惩罚制度

为实现立法的评价引导功能，《普洱市古茶树资源保护条例》第十六条对古茶树资源保护范围内的禁止行为如擅自采伐、损毁、移植古茶树或者其他林木、植被；擅自取土、采矿、采石、采砂，爆破、钻探、挖掘，开垦、烧荒；排放、倾倒、填埋不符合国家、省、市规定标准的废气、废水、固体废物和其他有毒有害物质；施用有害于古茶树生长或者品质的化肥、化学农药、生长调节剂；种植对古茶树生长或者品质有不良影响的植物；伪造、破坏或者擅自移动保护标志、挂牌等作了明确，并使禁止行为与处罚——对应，结合普洱实际缩小行政处罚自由裁量权的空间，实操性较强。

五、古茶树资源保护补偿、激励机制

为解决好公共利益与私人利益的矛盾冲突，促进合理开发利用古茶树资源，《普洱市古茶树资源保护条例》制定了古茶树资源保护补偿、激励机制。如第五条："市、县（区）人民政府应当将古茶树资源保护纳入国民经济和社会发展总体规划，经费列入年度财政预算，建立古茶树资源保护补偿、激励机制。"

六、名录管理和分类保护机制

针对普洱古茶树资源丰富的实际，《普洱市古茶树资源保护条例》设定了名录管理和分类保护制度。第十一条："古茶树资源实行名录管理和分类保护。古茶树资源保护名录由县（区）林业行政部门编制，报同级人民政府批准后向社会公布。

县（区）林业行政部门应当根据古茶树资源普查成果及时更新保护名录。

对古茶园、古茶林、野生茶树群落，县（区）人民政府应当建立保护区，划定保护范围，并设立保护标志。

对零星分布的古茶树，县（区）林业行政部门应当建立台账，划定保护范围，设立保护标志，实行挂牌保护。"

七、便民服务机制

《普洱市古茶树资源保护条例》规定了政府及其相关职能部门在古茶树资源保护方面为民众提供的公共、信息、便民、质量保障、专业咨询等服务的义务和责任。第二十四条："市、县（区）人民政府应当建立古茶树资源保护综合信息平台。市、县（区）企业征信、社会信用管理部门应当将古茶树资源生产、销售者的产品质量、环保信用评价、地理标志产品专用标志使用等情况纳入信用信息管理系统。"第二十五条："市、县（区）林业行政部门应当增强服务意识，公正、文明执法，不断提升服务质量和水平，并建立便民服务制度和古茶树资源管理违法行为举报、投诉制度。"这些充分体现出立法为民的理念。

八、监督问责机制

《普洱市古茶树资源保护条例》规定了对政府职能部门的监督问责。第二十八条："市、县（区）林业、农业、茶业等部门及其工作人员违反本条例规定，不履行法定职责，或者滥用职权、玩忽职守、徇私舞弊的，由所在单位或者上级行政机关责令改正，对直接负责的主管人员和其他直接责任人员依法给予处分；构成犯罪的，依法追究刑事责任。"

九、建立古茶树原产地品牌保护和产品质量可追溯体系

《普洱市古茶树资源保护条例》规定了古茶树原产地品牌保护和产品质量可追溯体系，体现了古茶树资源立法与知识产权保护的联系。第十八条："市、县（区）人民政府应当引导茶叶专业合作机构规范发展，统一古茶树产品生产标准，进行质量控制，提升产品质量和水平。鼓励和支持茶叶生产企业强化产业融合，打造古茶树产品品牌，争创各级各类名牌产品；对具有特定自然生态环境和历史人文因素的古茶树产品，申请茶叶地理标志产品保护。"第二十二条："市、县（区）市场监管行政部门应当会同林业、农业、茶业等部门建立古茶树原产地品牌保护和产品质量可追溯体系。"

第三章 古茶树资源保护立法与政府服务、监管职责定位

政府是公共事务的牵头者或组织者，其在社会资源管理中不可替代的管理地位决定了其在古茶树资源保护实现中不可替代的地位。立法中只有处理好效率与公平、政府与市场、权力与责任、公共利益与公民合法利益、现实与改革的关系，才能保证政府充分发挥服务监管职责，将资源所有者、管理者、经营者、消费者等多方的能力聚集起来，让其各自发挥作用，共同保护好、利用好古茶树资源。

第一节 政府在社会资源管理中的地位

一、现代公共管理理念的转变指向更为广阔的政府职能

政府职能也叫行政职能。世界银行《1997 年世界发展报告：变革世界中的政府》指出政府在世界各地都成为人们关注的中心。我们需要再次思考政府的一些基本问题，即政府的作用应该是什么，它能做什么和不能做什么，以及如何做好这些事情。当代政府所处的环境是一种以市场经济为主导，由市场调节为基础，以政府调节为补充的环境，政府应"如何处理好市场、企业和社会等方面的关系，履行好自身的社会经济职能"[①]？关于政府职能的解读，我国行政管理学的主流学者认为：

---

① 参见陈振民等著《公共管理学》（第二版），中国人民大学出版社 2017 年版，第 138 页。

"政府以公共利益为导向，其职能是对社会公共事务进行管理，无偿占有社会公共资源，并为社会提供公共物品和公共服务。"当代西方经济学学者对政府的基本职能的认识几乎是一致的，即提供公共物品（public goods）。世界银行发布的《1997年世界发展报告：变革世界中的政府》认为公共物品是非竞争性的和排他性的物品。非竞争性是指一个使用者对该物品的消费并不减少它对其他使用者的供应，非排他性是指使用者不能被排除在对该物品的消费之外。私人物品与公共物品对应，其效用边界清楚，不像公共物品，收费困难，初始投资大。还有一种观点认为公共物品还包含准公共物品，凡是能严格满足消费上的非排他性特征的都是纯公共物品（例如国防，其消费是全社会性的），而不能严格满足消费上的非排他性特征的是准公共物品（例如道路，在一定限度内使用不影响他人使用，而一旦超过某个使用限度，就会出现拥堵，进而影响他人的使用）。还有一种对公共物品的认识是认为公共物品分为有形的公共物品（如公共设施）和无形的公共物品（如法律、政策等）。[①]

　　行政管理理论经历百余年发展，从传统的公共行政学到新公共行政学，到政策科学再到"新公共管理"和公共治理，政府的行为范畴越来越广阔（不是指权力越来越集中，而是指政府应当履职进行管理或指导、外包第三方管理的领域越来越广）。传统公共行政学认为国家或政府（狭义的行政机关）的职能分为政治领域（政策和法律的制定）和行政领域（政策和法律的执行）。效率是最重要的原则，要使政府的管理有效率，政府系统就应当权力集中、体系完整、指挥统一、分工明确、职责分明。20世纪70年代在美国大学中发展起来的"新公共管理"范式除了研究视野更加开阔之外，给"公共"下的定义也更加宽泛，它将非营利组织、私人企业的公共方面都包含在政府的管理视野中。[②] 20世纪90年代以来"治理"成为公共管理领域的核心概念，也是社会科学研究的热门领域，其关注的主要问题是"如何在日益多样化的政府组织形式下保护公共利益，如何在有限的财政资源下以灵活的手段回应社会的公共需求……各国学者更加关注公共服务的结果取向、倾向

----

　　① 参见陈振民等著《公共管理学》（第二版），中国人民大学出版社2017年版，第3页。
　　② 参见陈振民等著《公共管理学》（第二版），中国人民大学出版社2017年版，第3—13页。

于公共治理结构的多元化发展、通过责任分散的治理手段来构建一个'服务型政府'"。①

二、现代公共管理理念的转变

目前，治理理论主要有"政府管理的途径""公民社会的途径"和"合作网络的途径"三种研究途径。"政府管理的途径"将治理等同于政府管理，要求政府部门从市场化的角度来进行公共管理，把市场制度的基本观念引进公共管理的领域，"经济、效率和效益"是政府应当追求的目标，强调结果导向和顾客导向。"公民社会的途径"视治理的领域为公民社会的"自组织网络"。在西方国家，这被认为是自愿追求公共利益的个体、群体和组织组成的公共空间，涉及非政府组织、志愿者社团、社区组织、公民自发组织的运动，是"没有政府的统治"，是共同利益的资源结合，进行自我建设、自我协调、自我联系、自我整合、自我满足，形成一个制度化的、不需要借助政府及其资源的公共领域，成员完全可以在这一领域中通过公共讨论和公共对话，自主治理生活领域中的公共问题。而"合作网络的途径"则是指公共事务由众多的社会主体来共同完成，不仅仅是政府。在古茶树资源的保护中，由于其资源属性决定了这不是个人或少数群体的问题，而是关乎整个社会群体的共同利益的问题，仅由其中的一个或部分主体进行管理是很难将其管理好的，比较妥当的做法是将全部参与者的力量调动起来，形成相互影响的关系网络，共同将这一事务管理好。因此，政府在这其中，应当将自己定位为该公共事务的牵头者或组织者，如何将资源所有者、管理者、经营者、消费者等多方的能力聚集起来，使其各自发挥作用，共同管理好、利用好古茶树资源，这才是当下政府最应当关注的问题。

---

① 参见陈振民等著《公共管理学》（第二版），中国人民大学出版社 2017 年版，第 59 页。

第二节　立法与政府服务监管作用的发挥

要充分发挥政府的服务监管作用，立法应把握效率与公平、政府与市场、权力与责任、公共利益与公民合法利益、现实与改革的关系。

一、处理好效率与公平的关系

在促进发展的同时，立法应当把维护社会公平放到更加突出的位置。效率与公平的关系本质上是如何对待发展的问题。认识这一问题，必须从我国仍然处于社会主义初级阶段的基本国情出发，必须从我国社会的主要矛盾出发，坚持把发展作为党执政兴国的第一要务，通过发展为最大限度地实现社会公平正义积累财富基础。同时，发展必须坚持以人为本，实现好、维护好、发展好最广大人民的根本利益，做到发展为了人民、发展依靠人民、发展成果由人民共享。党的十七大报告提出，实现社会公平正义是发展中国特色社会主义的重大任务。实现社会公平正义，最重要的是要建立保障公平正义的制度体系，其中关键是法制化。具体而言，就是要建立以权利公平、机会公平、规则公平、分配公平为主要内容的社会公平保障体系，使公平正义能够稳定、长期、可预期地实现。公平正义是社会主义法治的核心价值，是法律制度的生命所在。能否始终体现公平正义，促进和实现社会公平正义，是立法工作必须坚持的基本原则。

二、处理好政府与市场的关系

立法要充分发挥市场机制的基础性作用，特别要注意处理好事前审批和事后监督的关系。在社会主义市场经济条件下，对一些事项规定事前审批是必要的，它对有效地维护国家安全和公共利益、保护公民生命财产安全、合理配置公共资源具有重要作用。但是，实践证明，有的问题能够通过行政审批来解决，有的问题行政审批是解决不了的。在现实生活中，一讲加强行政管理，就要设定行政审批，结果导致行政审批过多、过滥，该管的事情没有管住，而且成本高、效率低，甚至造成权力"寻租"现象，滋生腐败。

三、处理好权力与责任的关系

确保权力和责任相统一。责任是行政权的核心。法律规范在赋予行政机关必要行政权力的同时，必须规定其相应的责任，并有严密的程序作保证。这样才能真正实现规范和约束行政权力，确保权力与责任相统一，做到有权必有责、用权受监督、违法要追究、侵权要赔偿。同时，还要正确处理权力和权利的关系。立法工作，不可避免地会涉及行政机关的权力与公民、法人和其他组织的权利。权力和权利是两个不同的概念。对行政机关来说，权力与责任应该统一；对公民、法人和其他组织来说，权利与义务应该统一。立法工作，在规定有关行政机关的权力的同时，必须规定其相应的责任，规范、制约、监督行政权力的行使，防止滥用权力；在规定公民、法人和其他组织的义务的同时，应该明确规定其相应的权利，并保障权利的实现。

四、处理好公共利益与公民合法权益的关系

实现公共利益和公民合法权益在法律制度上的平衡。立法工作必须维护公共利益，这样才能从根本上维护最大多数人的最大利益。同时，也要注意维护公民的合法权益，做到公共利益和公民合法权益的平衡。为此，对一切合法的劳动收入和合法的非劳动收入，对为祖国富强贡献力量的社会各阶层人们的合法权益，都要切实维护。只要是不损害公共利益和公民合法权益的行为，都应受到法律的保护。立法是对权利、义务关系的确定，本质上是对利益的分配和调整。科学、合理地分配利益，要求立法必须全面把握利益关系、准确确定利益焦点，在此基础上，统筹兼顾

个人利益和集体利益、局部利益和整体利益、当前利益和长远利益，统筹处理好各个方面的利益关系。一方面，如今社会利益主体越来越多元化，立法领域也显示出利益博弈的趋势。另一方面，党和国家以及社会各方面对公平正义的要求也大为提高，这对立法机构提出了新的要求。实现社会公平正义，核心是要对社会主体的利益进行必要调整。进入新时代，我国社会结构、社会组织形式、社会利益格局发生深刻变化。立法要维护社会公平正义，不仅需要着重处理好效率与公平的关系，而且还需要统筹处理好各个方面的利益关系。

五、处理好立足现实与改革创新的关系

把立法决策与改革决策紧密结合起来，充分体现改革精神。当前，我们正处于新旧体制转轨时期，立法工作如果不顾现实，就会行不通；如果不加区别地把现实肯定下来，就有可能妨碍改革。因此，立法工作要立足现实，着眼于未来，把立法决策与改革决策紧密结合起来，体现改革精神，用法律引导、推进和保障改革的顺利进行。对现实中合理的东西，要及时肯定并采取措施促进其发展；对那些不合理、趋于衰亡、阻碍生产力发展的东西，不能一味迁就。立法工作要在总结实践经验的基础上不断探索，力求在体制、机制、制度上不断有所创新。

第三节　地方政府在古茶树资源保护管理中的职责

一、地方政府在古茶树资源保护中的主要职责

（一）立法中的古茶树资源保护责任机关

普洱市各级人民政府作为普洱市最重要的社会管理主体，当然应承担古茶树资源的保护职责。《条例》第五条和第六条便明确"市、县（区）人民政府应当将古

茶树资源保护纳入国民经济和社会发展总体规划，经费列入年度财政预算，建立古茶树资源保护补偿、激励机制"；"乡（镇）人民政府依法做好本行政区域内古茶树资源保护工作"。第十一条第二款规定"县（区）人民政府应当建立保护区"来保护古茶园、古茶林、野生茶树群落。第十三条规定县级人民政府应当建立古茶树资源动态监控监测体系和古茶树生长状况预警机制。第十七条规定市县两级政府可以制定扶持古茶树资源开发利用的优惠政策和具体措施，并应当统一古茶树产品生产标准，引导茶业专业合作机构规范发展，进行质量控制，提升古茶树产品的质量。第二十一条规定市县两级政府要检查、监督、评估林业行政部门负责制定的古茶树资源保护专项规划的实施情况，还应当加强基础设施建设，有计划地迁出影响古茶树资源安全的建筑物、构筑物。[①] 市县两级政府还应当建立古茶树资源保护综合信息平台。[②]

　　从以上规定可以看出，《条例》明确了市级和县级政府的总体规划职责，该两级政府在古茶树资源的保护中承担着"设计师"的角色，乡级政府作为离古茶树资源最"近"的政府，负责更为具体的日常保护工作。

　　《条例》第六条还将保护管理工作的具体职责赋予了市级和县级林业行政部门，同时，农业、茶业、发展改革、公安、财政、国土资源、环境保护、住房城乡建设、文化、旅游、市场监管等多个工作部门也被要求严格履行职责，做好古茶树资源保护工作。可见，在普洱市古茶树资源保护的立法中，行政责任机关是立体型的结构，在要求政府做好总体规划的同时，由林业行政部门承担主要的具体管理和保护职责，其他与古茶树资源保护密切相关的行政机关承担次要的管理和保护职责。

（二）现行制度中部分政府工作部门的主要职责

　　现行《条例》除了明确一级政府的规划职责，在总则、保护与管理、服务与监督、法律责任部分，都将管理古茶树资源的主要工作纳入了不同政府工作部门的职责范围。

　　林业行政部门在古茶树资源保护工作中承担着大部分的职责。首先，市县两级林业部门应当会同农业、茶业等部门编制古茶树资源保护专项规划，对古茶树资源

---

① 参见《普洱市古茶树资源保护条例》第二十一条。
② 参见《普洱市古茶树资源保护条例》第二十四条。

的开发和利用进行规划设计。① 这就要求林业行政部门要在政府的总体规划的基础上，制定具体的保护规划，这些规划里应当对古茶树资源开发和利用的计划、程度、模式等内容进行细化。其次，由于普洱市古茶树资源中包含着野生型、过渡型和树龄一百年以上的栽培型茶树②，除了过渡型茶树目前只有一棵外，野生型古茶树遍布普洱市林地，它们或零散分布，或株与株间虽相对集中但片区零散分布；而栽培型古茶树一方面需要鉴定树龄，看其是否属于《条例》所称的"古茶树"，另一方面，栽培型古茶树往往生长在田间地头、百姓的房前屋后，分布十分零散。要进行古茶树资源的管理，首先就要先明确哪些是需要保护的古茶树，它们分别在哪里。所以，林业部门的一项重要工作就是进行古茶树资源普查，并由县级林业部门进行古茶树资源保护名录的编制③。第三，《条例》第十四条规定，市级和县级林业部门应当制定野生型和过渡型古茶树管护技术规范，栽培型古茶树管护技术规范则由农业行政部门制定；同时，农业部门还应当开展古茶树管护技术培训和指导，并监督有机肥和绿色防控技术的施用。在管护技术指导上，野生型和过渡型的古茶树是由林业部门来进行的，而栽培型古茶树的管护技术指导则由农业部门负责；绿色管护技术的监督也由农业部门负责。第四，林业部门还负责在古茶树资源管护的各项活动中，就古茶树树龄认定等专业问题组织专家论证鉴定。④ 最后，对于违反条例的违法行为的行政处罚，由县级林业部门负责。⑤

　　《条例》还明确了一系列与古茶树资源保护相关的行政机关的职责。旅游行政部门应当就利用古茶树资源开发旅游景区、景点的方案组织专家进行科学论证，并听取林业部门的意见，决定办理或不办理行政许可；同时，应当根据环境承载能力，控制资源开发利用强度和游客数量。⑥ 市县两级文化、旅游、茶业等部门应当推进茶文化的挖掘、整理、传播、展示、宣传、推介等交流活动，还应当鼓励、支持社会各界促进茶文化的传承与交流，开展茶事、茶文化交流等活动。⑦ 另外，

---

① 参见《普洱市古茶树资源保护条例》第九条、第十七条。
② 参见《普洱市古茶树资源保护条例》第三条。
③ 参见《普洱市古茶树资源保护条例》第九条、第十条、第十一条。
④ 参见《普洱市古茶树资源保护条例》第二十三条。
⑤ 参见《普洱市古茶树资源保护条例》第二十六条、第二十七条。
⑥ 参见《普洱市古茶树资源保护条例》第十九条。
⑦ 参见《普洱市古茶树资源保护条例》第二十条。

《条例》第二十二条规定市县两级市场监管部门应当会同林业、农业、茶业等部门建立古茶树原产地品牌保护和产品质量可追溯体系。

二、地方政府在古茶树资源保护实践中的履职难点问题

保护古茶树资源是地方政府和社会各界相关主体的共同目标和心愿。《普洱市古茶树资源保护条例》将这一目标和心愿落实到各级各界相关主体的职责和义务中，但并不是有了法律条文就一定可以完美回应社会需求并将其落实到执法实践中的。以下问题的存在对地方政府而言是一个实践中的履职难点，也是地方政府长期要思考和解决的问题。

（一）古茶树资源的保护和利用的矛盾问题

就市级和县级政府而言，承担着"设计师"的职责就意味着必须具备长远的发展眼光。在国民经济和社会发展总体规划中，两级政府应当明确古茶树资源的保护和利用的定位。普洱市一直着力打造"绿色经济试验示范区"，古茶树资源的保护和利用在这项重要工程中占据着关键一席，但这里的关键问题是，古茶树资源是应当保护，还是利用才是符合"绿色发展"要求的？就目前的情况看，古茶树资源具有重要的经济价值，完全保护是不符合实际的，因此在开发和利用上，如何兼顾被保护资源的可持续发展是各级政府在进行总规划时必须科学论证和全面权衡考虑的。

（二）古茶树资源保护执法主体的问题

就职责划分而言，《普洱市古茶树资源保护条例》将主要的执法权归入市县两级林业行政部门，其他如市场管理、旅游、文化等政府工作部门在各自的职责范围内履行职务。这当中尤其需要注意的是林业部门和农业部门的职责划分问题。在立法时，具体的执法权归属就曾发生过激烈的争论。由于古茶树资源包含野生型、过渡型和栽培型三大类古茶树，而这些古茶树中，野生型古茶树分布在林地中，一直以来属于林业部门的管理范畴，而栽培型古茶树分布在乡村村民的宅基地、田地、自留山等区域，甚至在城镇道路两侧、单位或个人庭院中，这些区域由农业部门管理更为妥当。同时，为了使履行职责更加高效、简明，立法部门一度考虑赋予当前

没有执法权的茶业行政部门一定的权力来进行古茶树资源的保护、管理。最终，考虑到立法难度、执法难度和强度等多方面因素，《普洱市古茶树资源保护条例》将执法权归入了林业部门。这就意味着，林业部门在原有的野生型古茶树保护管理的基础上，还应承担起农地上大量栽培型古茶树的普查、管理、查处违法的工作，这就需要根据不同行政区划中古茶树资源分布量的不同，适当增加执法人员。另外，由于古茶树资源的保护不仅仅只是对违法行为的查处，更重要的是对古茶树资源的可持续维护。目前，大多数茶业专家都认为对野生型古茶树应当最大限度降低人工的干预，而对栽培型古茶树是不干预还是适当干预，尚且存在分歧，但就栽培型古茶树在肥料施用、虫害防治的必要性上大家的意见还是比较一致的。《普洱市古茶树资源保护条例》将古茶树管护技术指导，有机肥的施用、绿色防控技术防治病虫草害的指导和监督职责归入了农业部门。简单来说，资源普查、违法行为查处（包括林地上和农地上）等主要的执法权在林业部门，野生型和过渡型古茶树（林地上）的养护监管职责在林业部门，栽培型古茶树（农地上）的养护监管职责在农业部门，这就意味着栽培型古茶树的保护和监管主要涉及了两个部门，技术养护方面的指导属于农业部门，其他管护监督责任大多属于林业部门。从权力归属来看虽不算过于分散，但从目前基层群众的法治意识来看，两个部门分管不同的事务，难免还是会出现"不知道应当找谁"的情况。而且，执法部门的工作开展需要高度的协调，才不至于出现"重复宣讲"等浪费执法资源的情况。

（三）古茶树资源监管范围问题

古茶树资源分布分散，尤其是栽培型古茶树，除了一部分古茶园（林），大量的古茶树是零星分布的，这大大增加了监管难度。同时，栽培型古茶树的所有权归属个人，古茶树资源的保护本质上是对私权行使的一定程度的限制，基于理论和《物权法》的规定，物权的行使不得损害公共利益[1]，栽培型古茶树作为古茶树资源中重要的一部分，从生态资源的角度看，是全人类的共同财富，所有人在利用和处分栽培型古茶树时，理应受到一定的限制。但是从社会习俗的角度看，目前普洱市基层的百姓法制意识普遍较低，文化程度也普遍不高，而现在古茶树的经济价值走高，要求他们基于保护全人类共同财富的考虑，限制其开发利用"自己的古茶

---

[1]　参见《物权法》第七条。

树"，劝说难度不低。再则，古茶树资源分布零散，乡间道路崎岖，有时车行半日只为了一两棵古茶树，日常监管难度不小。总之，资源分散、归属个人这两点导致了执法难度陡增的问题。

（四）违法行为的法律责任设置的效果问题

《普洱市古茶树资源保护条例》是对违法行为的法律责任进行了设置的，但能否达到预防和惩处违法的效果有待考证。在制定条例的过程中，对违法行为的处罚幅度怎么设定的问题上出现过激烈的讨论。有专家主张，古茶树资源十分宝贵，又十分脆弱，应当地以较重的处罚，以产生一定的警示作用，让人不敢违法，不敢随意处分古茶树。对此，执法一线的行政机关提出，处罚的设定必须考虑实际可行性和现实难度。

（五）《普洱市古茶树资源保护条例》的科学性问题

《条例》等现有的法律制度均是以保护古茶树资源为出发点而设置的，但这些措施是否真的科学，是否就是对古茶树资源可持续开发利用最有利的措施，简言之即其科学性的问题尚需论证，很多措施在茶学和植物学界尚有争论，如何才能真正科学地、富有前瞻性地对古茶树资源进行管护，真正实现立法的初衷——实现对古茶树资源的科学管理和利用，是一个需要不断摸索和修正的过程。

第四节　古茶树资源保护立法中地方政府应当发挥的作用

一、服务职能的体现

《普洱市古茶树资源保护条例》的颁布，是普洱市规范化、法治化保护古茶树资源的开端，将对普洱市主动融入和服务"千亿云茶"战略，认真贯彻落实"打好绿色能源、绿色食品、健康生活目的地"三张牌的决策部署，擦亮"普洱茶"金字招牌，做实做强国家绿色经济试验示范区，建设全国知名大健康食品供应基地，促进普洱与全国、全省同步建成小康社会具有十分重要的意义，为普洱坚持生态立市、绿色发展和践行"创新、协调、绿色、开放、共享"新发展理念提供了制度保障。①

　　为了实现这些目标，仅具备制度基础是不够的，更何况《普洱市古茶树资源保护条例》只是作出了一系列原则性的规定，尚需要进一步细化规则和举措，促进《普洱市古茶树资源保护条例》各项制度的落实。政府作为社会各项事务的管理者，对古茶树资源进行妥当的管理是职责所在。传统的政府职能更多地体现为"管理型"，随着时代变迁和行政管理学的发展，政府的职能定位开始转向"服务型"。"服务型"即政府在社会管理中更多地是起到推进和辅助的作用，而非"管制""制裁"。在古茶树资源保护这一议题上，古茶树资源作为普洱市乃至全人类共同的资源，政府在古茶树资源的保护工作中，不应当只是充当破坏行为的"巡查者""制裁者"，更重要的，是应当扮演"推动者""辅助者"的角色，起到的作用应当是不阻碍古茶树资源的保护和利用，并进一步促进和提供帮助。

二、监管职能的完善

　　行政权力在古茶树资源的保护和利用中除了提供服务、建立"服务型"政府外，还应当充分发挥"管理者"的角色职能，落实监管职能。《普洱市古茶树资源保护条例》为政府及其部分工作部门在古茶树资源保护和利用工作中如何发挥监管作用作出了框架性的规定。

　　《普洱市古茶树资源保护条例》在第四章用五个条款规定了行政机关在古茶树资源保护中的服务与监督职责。第二十一条规定了市、县政府部门应当检查、监督和评估古茶树资源保护专项规划的实施情况，加强基础设施建设和迁出不利于保护的设施；第二十二条规定了市、县政府部门应当合力建立古茶树原产地品牌保护和产品质量可追溯体系；第二十三条规定了在古茶树树龄认定等专业性问题时应当组织专家论证鉴定，同时明确了利害关系人对鉴定有异议时可以申请重新鉴定；第二

---

　　①　参见《〈普洱市古茶树资源保护条例〉将于 2018 年 7 月 1 日起正式实施》，中国网，发布日期 2018 年 6 月 22 日，http://union. china. com. cn/txt/2018 – 06/22/content_40391403. htm，最后浏览日期 2019 年 8 月 6 日。

十四条规定了古茶树资源保护综合信息平台的建立；第二十五条规定了违法行为举报、投诉制度。

从总体上看，目前政府在古茶树资源保护中的监管职能，基本上都覆盖了应该涉及的领域。最需要完善的部分，就在于在现有框架下将上述条款列出的制度——细化完善。第一，应当将第二十一条中关于迁出设施的制度进行完善，应当明确条款中"不利于保护古茶树资源"中"不利于"的标准究竟是什么。第二，第二十二条中古茶树原产地品牌保护和产品质量可追溯体系对于古茶树产品质量的监控和管理具有非常重要的意义，但《普洱市古茶树资源保护条例》中只是提及了制度的建立，应当如何建立以上两个制度，还需要进一步细化。第三，在专家论证制度中，由于古茶树资源的保护涉及很多专业性的问题，只有确保科学地保护古茶树资源，才能长久地进行保护。所以专家论证是十分必要的。但目前的条款对专家论证制度的规范不足，对如何启动、如何挑选专家、政府在其中的作用等问题，都需要进一步制定细化规定。第四，在古茶树资源保护综合信息平台建立上，目前也只有一个制度的构想，一个科学、完善、更新及时的数据平台对于保障产品质量和市场的有序是十分必要的，但这一平台的建立是一个耗时耗力的大工程，《普洱市古茶树资源保护条例》的规定只是给这一平台的搭建指出方向而已。第五，在违法行为举报投诉的问题上，最大的问题在于执行，必须保证举报投诉途径随时通畅，接到举报投诉后，要做到迅速准确处理，并及时反馈举报投诉处理结果，这样这一制度才算完整。

第四章　古茶树资源保护立法与参与者权益分析

古茶树资源的所有权多元，一些是集体的，一些是国有农场的，一些是私人的，一些是企业的。各地种植茶树的历史不同，形成了产权的多元，这些产权的存续变更，又引出了许多他项权利，如租赁、抵押等。虽然产权多元，但是古茶树作为特殊资源，在保护利用方面必须遵守国家法规，也就是说产权受到应有的限制，如不能乱砍滥伐，不能随意处置，受法律约束，受行政管制等。所以既要依法保护多元的产权，也要依法限制产权的行使，才能最终有利于产权人，有利于资源保护利用，有利于环境，实现可持续发展。

第一节　古茶树资源的参与者

一、古茶树资源的参与者

要建立古茶树资源的保护制度，必须先厘清古茶树资源保护行为会涉及的"人"。概而言之，这些人大致包含了古茶树资源的所有者、管理者、经营者和消费者。

（一）古茶树资源所有者

古茶树资源的所有者是与古茶树资源具有最密切联系、影响最为直接的人。《普洱市古茶树资源保护条例》所称的古茶树资源包含了野生型古茶树、过渡型古茶树和树龄在一百年以上的栽培型古茶树。野生型古茶树和过渡型古茶树的所有人是国家，国家对于其态度是十分明确的，这些古茶树属于国家二级保护植物，珍贵稀有，非有法定事由并经法定程序，是不允许任何人对其进行处分和利用的。

比较复杂的是栽培型古茶树。栽培型古茶树是指人工栽培，树龄超过一百年的古茶树。这些古茶树从权利关系上看，属于物权制度当中的物，栽培者具有栽培型古茶树的所有权，是栽培型古茶树的所有者。根据所有权的性质，栽培者可以排他地对栽培型古茶树进行占有、使用、收益获取和处分。在《普洱市古茶树资源保护条例》颁布实施之前，在古茶树产品经济价值让人瞩目之前，栽培型古茶树处于非常"鸡肋"的地位。许多栽培型古茶树位于村民的房前屋后和自留山、自留地上。茶树生长缓慢，古茶树更是几十年看不出有太大的生长痕迹。很多四五百年的古茶树，看起来只有一米多高，树干直径只有不到十五厘米。这样的茶树作为"树"而言，几乎起不到遮阴挡雨的作用，也难以起到标志地块边界等标志性的作用。虽然其叶片作为"茶叶"，口感不错，也具有一定的经济价值，但售价低廉，销路不畅。在很多情况下，古茶树百年树龄的资源价值、传承百年的文化价值，甚至其茶叶产品所具有的经济价值都不会处于古茶树所有者或决策者优先考虑的范畴。当村民扩建房屋、修建道路时，若栽培型古茶树成了扩建或修缮的遮挡物，将其砍伐毁坏很可能就是这些古茶树的最终结局。好一点的情况就是移栽，但古茶树的适应性较差，移栽能够成活的概率很低，很多移栽后的栽培型古茶树最终也难逃被彻底毁坏的"命运"。

幸运的是近些年普洱茶产品的经济价值飞速上涨，栽培型古茶树的所有人几乎都已经意识到古茶树是非常"宝贵"的财富，前述随意处置、毁坏栽培型古茶树的行为几乎没有了，栽培型古茶树的所有者几乎都具备了"保护古茶树资源"的意识。

（二）古茶树资源的管理者

除了古茶树资源的所有者外，对古茶树资源负有管理责任的"管理者"和负责古茶树产品制作和销售的古茶树产品经营者构成了围绕古茶树资源的第二群"人"，若把古茶树资源比作圆心，把古茶树资源参与者比作这个圆心的同心圆，古茶树资源的所有者就处于围绕圆心最近的第一圈，而古茶树资源的管理者和经营者就是这个"圆心"周围的第二圈。

这些人中的"管理者"主要就是古茶树资源所在地的基层政府和上级政府，包括承担着一部分宣传、引导、政策研究等社会公共职能的"茶叶协会"等民间团体或组织。当然，从单纯的管理养护层面来说，上文所提及的栽培型古茶树的所有者承担管护、处分（受限制的处置权利）古茶树的职能，也是管理者之一，但从其身份本质来说，其最根本的身份还是所有者，其管护的行为也大多是基于所有权的权利范围而行使的，故将其归为第一层次的"所有者"而非第二次层次的"管理者"。政府这一管理者的角色定位和职能在前一章中已经进行了阐述，在此不再赘述。

（三）古茶树资源的经营者

对于古茶树资源的经营者而言，主要包括茶叶采摘、生产加工、销售环节的营利性组织。在茶叶采摘环节，由于古茶树几乎都是个人所有，采摘者多是古茶树的所有者。每年古茶树大量生发新芽时，也是古茶产品生产加工的高峰期，古茶产品的生产加工者和销售者都会到不同的茶产区收购古茶鲜叶并加工。拥有古茶树较多的所有者往往会雇人手采摘鲜叶，拥有古茶树较少的所有者大多自己采摘鲜叶，这些鲜叶都会转卖给收购鲜叶的生产加工商。近年来普洱茶古茶产品经济价值飙升，很多栽培型古茶树的鲜叶都是在采摘开始前就已经被全部预订，只有少数零星分布或产区知名度不高的古茶树鲜叶需要古茶树所有者自己寻找收购商。茶叶生产环节，比较常见的是由古茶树比较密集分布的或比较有名的茶产区乡（镇）居民自发组建的茶叶合作社来完成，这些茶叶合作社负责向社员（也是古茶树的所有者）收购古茶鲜叶，对古茶鲜叶进行初加工，以散茶的形式卖给各个销售商。已经有较为稳定销路的茶叶合作社还会再进一步制作压制好的古茶茶饼、茶砖等，再用标注合作社名称的包装纸包装，以成品对外销售，这些合作社既是生产加工者，也是销售者。

另有一些具有一定规模的主营茶叶产品的或大或小的公司，它们自行向农户收购茶叶，聘请或自己培养制茶工艺师加工茶叶并制成茶叶产品，再以自己的茶叶公司品牌向销售者销售古茶产品。这些公司同部分茶叶合作社一样，具有多重身份，既是古茶产品的生产加工商，又是销售商，只不过这些茶叶公司往往有自己的商号，向外推广自己品牌的古茶产品。在茶叶销售环节，除了前述具有多重身份的茶叶合作社和茶产品公司，还有一些茶产品销售商并不参与茶叶采摘、生产加工的环节，他们从茶叶合作社或一些小的茶产品公司处购进制作好的茶产品，像"超市"一样向消费者提供来自不同产区、由不同的加工商制作加工的成品茶。

（四）古茶树资源的消费者

围绕古茶树资源最外层的"人"就是广大的消费者。这里的消费者指购买茶饼、茶砖等古茶产品的人，还包括到古茶树茶园、茶产区旅游观光的游客，以及对茶文化很感兴趣而购买体验茶文化的产品、书籍等"消费"古茶资源背后的古茶文化的人。这其中，购买茶砖、茶饼等古茶产品的消费者在实践中人数最多，且他们中的许多人也是古茶文化的消费者，正是基于对古茶文化的好奇和热爱，他们到古茶园和茶产区观光游览，并购买古茶产品。

二、参与者权益

围绕着一项资源的各个主体之间最本质的关系可以说是利益关系。古茶树资源周围的"人"之间的联系，构成一个利益关系网。以下就从古茶树资源周围的各个主体之间的利益关系网的角度来尝试进一步讨论各个主体之间的关系。

前述各主体包括了古茶树资源的所有者、管理者、经营者和消费者。从资源所有者和管理者之间的关系看，管理者的管理对象中有很大一部分是所有者对资源行使所有权的行为，反过来说，所有者对古茶树资源行使所有权的一系列行为所引起的利益冲突，直接影响了管理者的工作重心。

对于所有者和经营者而言，二者的利益关系非常紧密。经营者的主要目的在于以古茶树产品获得盈利，而古茶树产品原料的质和量在很大程度上都把控在所有者手上。所有者如果将古茶树资源养护得好，其古茶树鲜叶的质和量就令人满意；而只有拥有了充分的、优质的原材料，经营者才能提供更多更好的古茶树产品，才能获得更多的利润，古茶树所有者从古茶树上获得的收入才有可能提高，进而促进所有者养护古茶树的动力。

对于所有者和消费者而言，中间间隔着经营者，但经营者与消费者的利益关系与所有者和经营者的关系趋同，即只有所有者养护好源头的古茶树，消费者才能享受到源源不断的古茶树产品。而经营者和消费者之间的关系则还是普通的供与求的关系，相辅相成。

古茶树资源的所有者、管理者、经营者和消费者之间形成了一张利益关系网，无论哪一个节点出现问题，都会影响到下面的节点。这张网上所有的主体之间都或近或远地有千丝万缕的联系，但他们的所有关系，都是围绕着古茶树资源展开的。

离古茶树资源最近的资源所有者对古茶树的重视程度、养护的科学程度，直接影响到古茶树资源的存续和质量。就处于中间的管理者来说，其保护古茶树资源的政策和措施的科学程度、激励和惩罚措施的合理程度，以及监管的力度、打开茶叶市场的政策、维护市场秩序的措施等是否充足、科学都直接影响被管理者，即古茶树资源的所有者、生产者和经营者的行为模式和方向，而这些人的决定将直接影响到古茶树资源的生产状态。例如，若打开茶叶市场的措施不到位，茶叶产品的推广无力，导致茶叶产品价值提升无力，就会导致生产者和经营者积极性不高，茶叶经济利润不足，农户认为古茶树没有价值，就会疏于养护，最终难以实现对古茶树资源的充分养护；再如，若管理者监管及维护茶叶市场无力，导致茶叶市场秩序混乱，大量以次充好、冒充其他产地等质量或诚信有瑕疵的产品就会让消费者无所适从，想买茶却不敢买，需求无法释放必然导致茶叶产品销售困难，最终也会降低生产和养护环节的积极性，进而导致古茶树资源难以得到保护。

可见，古茶树资源周围这些不同角色的"人"从不同的角度或近或远地影响着古茶树资源，政府作为管理者，在这中间起着调节器的重要作用。政府需要通过一系列政策的制定，并持续监管和调整，来平衡这些围绕在古茶树资源保护周围的各个参与者之间的关系，以求实现古茶树资源保护的动态平衡。

第二节 各主要参与者的权益结构

一、古茶树资源所有者的权益

古茶树资源包括了野生型、过渡型和树龄一百年以上的栽培型古茶树，其所有者包括了国家（野生型和过渡型）和个人（栽培型）。国家作为野生型和过渡型古茶树的所有者，由于国家和古茶树管理者——政府之间具有利益的一致性，即国家的利益导向是保护野生型和过渡型古茶树资源，政府作为国家意志的执行者，其在行使管理野生型和过渡型古茶树资源的保护职责时，必然是顺应国家意志的。为便于讨论，此处仅讨论绝大多数栽培型古茶树的资源所有者——农户的权益。

普洱市栽培型古茶树大多分布在各个乡（镇）村民的房屋前后、农田、自留山上，多是前人种下的，后在土地承包分配中代代传承至今。一些养护得好的区域甚至还形成了古茶林（园）。一直以来，这些古茶树都是"在谁家的地上谁负责养护"。古茶树资源十分脆弱，移栽的古茶树几乎难以成活；折断的枝条若断裂口向上，积在裂口中的雨水都会使枝条内部发生病变，若不及时处理，就会导致整棵古茶树死亡。① 在《普洱市古茶树资源保护条例》起草中的多次专家讨论会上，普洱市茶业行政部门的负责人也做过相关介绍，随着古茶树经济价值攀升，很多农户有了保护古茶树的意识，但由于没有科学的指导，仅凭个人理解进行养护，有的在古茶树周边搭建围栏，有的过于频繁地除草翻土，有的为避免人的过度踩踏，甚至将古茶树周围的大片土地用水泥封住，这些行为都影响了古茶树周围的生态环境，而古茶树对周围的生态环境十分敏感，据相关专家介绍，这些行为轻则影响古茶树茶叶制品的口感，进而影响其经济价值，重则影响到古茶树的存活。

这些古茶树从权利关系上看，属于物权制度中的物，栽培者具有栽培型古茶树的所有权，根据所有权的性质，栽培者可以排他地对栽培型古茶树进行占有、使用、收益获取和处分。由于古茶树资源不同于一般的物，它在生态、种植资源等多方面具有的价值关系到整个社会群体的利益，是一种涉及公共利益的特殊的物，根据我国物权法的规定，这些涉及公共利益的物的权利行使是应当受到一定程度的限制的，即应当在行使个人物权的同时兼顾对公共利益的保护。古茶树资源对人的行为十分敏感，而其所有者的行为对其具有最直接的影响力，基于保护古茶树资源的需要，应当对古茶树资源的所有者的行为进行科学引导、一定程度的限制和监管。基于这种考虑，《普洱市古茶树资源保护条例》规定了资源普查、划定保护区、建立古茶树资源动态监控监测体系和生长情况预警机制、建立栽培型古茶树管护技术

---

① 在景迈山古茶园的实地调研中，据古茶园所有者黄劲松介绍，有大量的古茶树即因为该原因死亡。

规范、开展管护技术培训和指导、限期采摘、禁止采伐、禁止损毁等。《普洱市古茶树资源保护条例》对政府应该提供什么服务，进行怎样的监管，以及所有者的禁止行为作出了较为明确的规定。其目的就是多层次地对古茶树资源进行保护和管理。

二、古茶树资源管理者的权益

行政机关作为古茶树资源的管理者，具有双重身份，一是国家意志的执行者，二是古茶树资源的管理者。作为国家意志的执行者，其最直接的表现就是严格依照国家意志的体现——法的要求依法行政，在合法的框架下贯彻落实各个层面的政策方针。从绿色发展的目标来看，古茶树资源，无论是野生型，还是过渡型，或是栽培型，都属于普洱市的宝贵资源，属于国家和全社会的珍贵财富。野生型古茶树属于国家二级保护植物，是法律明确规定需要进行保护的植物，对其进行破坏的行为将受到《刑法》的制裁。过渡型古茶树十分稀有，从植物学、生态学、历史、文化等各个角度看，都具有极其珍贵的意义。虽然栽培型古茶树数量较多，但由于其在茶文化传承、茶产品发展、普洱茶历史研究、少数民族研究等多个方面具有社会价值，当然受行政机关在社会资源保护范畴下的管理。所以，从行政机关的权力范畴来看，其具有依照法律法规对所有古茶树资源进行管理的职责和权力，对不利于古茶树资源良好存续的行为有监管的权力和职责。《普洱市古茶树资源保护条例》赋予了行政机关，尤其是林业部门监管古茶树资源、查处违法行为的权力，这也是它们的职责所在。从响应国家号召，落实政策法规的角度看，古茶树资源管理者最大的利益诉求就是科学、有效地管理好古茶树资源，维持并保障古茶树资源的可持续发展。

三、古茶树资源经营者的权益

古茶树资源的生产者由于有出售古茶制品的行为，也属于经营者的范畴。作为市场经济的参与者，古茶树资源的各种经营者受到调整商事行为的各种法律法规的保护，并在这些法律法规下享有诸如公平参与竞争、品牌利益保护等多项商事权利。古茶树产品，甚至包括古茶树资源本身，都具有一定的商业价值，应当允许古茶树资源的经营者对古茶树资源进行开发和利用，并从中获得利润。

在古茶树资源是否应当允许利用的问题上，在《普洱市古茶树资源保护条例》起草的过程中曾发生过诸多争议。有的专家认为，由于古茶树资源稀缺、脆弱和珍贵，且经济价值较高，就现状来看，有被过度开发利用之嫌。古茶树资源虽然可再生，但由于其生长缓慢，资源恢复耗时漫长，且目前人工的保护或利用到底对古茶树是否有害，保护和利用的方式是否科学尚存在争议，应当采取较为保守的措施进行保护，即应不允许利用。也有专家持反对意见，认为不允许开发利用古茶树资源不符合现有实际情况，损及的利益面太广，甚至将直接影响主要茶产区绝大多数群众的收入来源和生活质量，而对于过度开发的担忧，只需设定限制并进行监管即可。在经过各方讨论和决策层权衡后，《普洱市古茶树资源保护条例》采纳了第二种意见。《普洱市古茶树资源保护条例》规定了古茶树生长状况的监测和预警机制、采摘的时间限制、制作工艺标准的制定等制度，以及一系列的禁止性行为及其法律责任。在允许古茶树资源经营者开发利用古茶树资源的同时，对其开发的程度和方法进行监管。

另外，生产、销售古茶树产品的经营者众多，由于古茶树日渐受到全国各地甚至全世界各地消费者的喜爱，冒充产地、假冒成分的茶产品大量出现，扰乱了古茶产品的市场，给消费者带来了很大的困扰，进而也影响了古茶产品市场的健康、良好发展。当市场出现不良的竞争行为时，从市场参与者的角度来看，是迫切需要监管者对市场秩序进行及时、有效的维护的，唯有这样，才能长久保持市场活力，从微观上看，也才能使市场参与者的利益得到保障。

综合来看，古茶树资源的经营者的利益诉求主要在于公正、平等地参与市场竞争。虽然经营行为要受到一定程度的限制，但从整体上看，这种限制也是为了长远的持续发展，是符合理性的，是可以理解和接受的。

第三节　古茶树资源保护法律制度的构建

一、各参与者在现行制度下的利益缺憾

目前涉及古茶树资源的各方参与者都有了制度上的权益保障，这是古茶树资源保护法治化进程的重大进步，但我们也应当看到，这些制度是有一定缺憾的。

仅从各参与者的权益保障来看，各参与者在现行制度下仍然存在利益缺憾。首先，从古茶树资源所有者的角度看，最大的问题是对古茶树资源进行管理时其介入程度的确定还需要进一步论证。

《普洱市古茶树资源保护条例》规定了古茶树资源的所有者应当使用绿色生态的方式方法管理古茶树，行政机关应当给予技术上的帮助和指导，同时，任何人都不允许用砍伐、折损等方式影响或破坏古茶树本身及其生存环境。从笔者实地调研的情况来看，就景迈山产区的农户而言，他们大部分是布朗族，很多古茶树都是祖祖辈辈流传下来的，茶树是全家人宝贵的财产，是民族文化的重要组成部分，更是生活的一部分。在他们的记忆里，祖祖辈辈都是在茶山上放牛，牛羊在树下吃草，人们则非常随意地在山间休息，感觉口干了或者无聊了，就会随便摘两片茶叶嚼一嚼，甚至连牛在吃太多或者不舒服的时候也会吃茶树的树叶。茶叶的药用价值也是通过这样的观察得来的。在他们看来，牛羊吃掉了过多的杂草，它们的粪便成为茶树天然的肥料，而茶树就以茶叶的药用、食用价值作为回馈，这是"神"早已定下的生生不息的循环规则。人们也将茶树视作自己的朋友、亲人，看见茶树遭受病虫害，他们会及时祛除；情况不佳的病枝，他们会及时砍去。由于现行的很多规定将折枝等行为列为禁止行为，由于牛羊会吃茶叶，百姓和当地行政机关将放牧牛羊也列为禁止的行为。现在的景迈山茶林里再也没有了牛羊的身影，人们看见茶树出现病害，以往都是按照经验进行处理，如今，谁也不敢随意折断病枝。上报茶树出现病害的情况，行政机关需要层层上报，响应缓慢，要么就是连行政机关也不能确定

应当如何处理，各方专家意见不同，讨论和决策花费大量的时间，有的古茶树的病害最佳处理时机就这样被耽误了，致使茶树慢慢枯死。布朗族最后一位头人的儿子，也是最后一位布朗族王子苏国文老先生的侄儿黄劲松现在景迈山管理着一片茶园，他所管理的茶园明显比周边其他农户的茶园显得生机勃勃。他说："这已经不是最好的样子了，小时候的茶园是牛羊、松鼠、鸟儿和孩子们的乐园，现在只剩下茶树了……我认为茶树就像人一样，它们也会孤独，它们生病了就需要人去照顾，现在出现虫子来吃还好，我可以把虫子捉掉，但如果枝条生病了，以前我可以在只有小枝条病了的时候就及时折去，现在我只能眼睁睁地看着这些病枝一点点烂到主干里面，什么也不能做……"从他的视角看，他认为最迫切的需要就是要么允许农户适当地对茶树进行养护，要么应当提高行政机关决策的效率，"不能看见茶树生病却不管它，任何人看见亲人生病了都不会这样，茶树就是我们布朗族的亲人"，黄劲松说。

我们在调研中还发现，古茶树资源的经营者的苦衷是现在的普洱茶已经越来越受欢迎，普洱茶古茶产品更是爱茶的人十分追崇的茶产品。普洱市古茶树资源丰富，每一个产区的茶叶口味都不尽相同，每一棵树、每一年的茶叶产品口感都不一样，从产品的供给来看可谓是选择多样了。茶叶拥有广大的市场和大量的市场需求，供给又不是太大的问题。实践中，大产区、营销做得比较好的经营者提供的茶叶产品供不应求，但同样口感质量俱佳的小产区生产的茶叶制品或规模较小的经营者提供的产品销售却很艰难。目前普洱各大产区中小规模的经营者是占据大多数的，他们中的很多人在普洱茶好卖的今天却生产困难。《普洱市古茶树资源保护条例》中规定了地方政府应当对古茶产业的发展制定规划，应当扶持需要帮助的经营者，应当促进普洱茶古茶品牌的孕育和发展。如何帮助他们打开销路，是作为管理者的地方政府应该思考的问题。

对于管理者而言，行政机关希望普洱市的古茶树资源能够成为普洱的一张名片，但古茶树资源在多个维度上都具有其独特的价值，性质较为多元化，要将其保护、开发、利用管理好不是一件容易的事情。行政机关作为权力执行机关，在现代法治社会环境下，其任何行为都应当首先受到法律的约束，不能仅因为现实的紧迫性，出于善良的管理愿望就做出行政行为。行政机关在管理古茶树资源的过程中，应当严格依照法律的规定来履行职责。就目前的状况来看，调整古茶树资源管理的只有《普洱市古茶树资源保护条例》，虽然还有上级的一些行政命令，但这些命令有的过时了，有的过于原则化，无法直接实施，而就《普洱市古茶树资源保护条例》本身来看，其中涉及的很多制度，诸如古茶树生长状况监测和预警机制，尚需进一步明确，行政机关要真正管理好古茶树资源，还需要等待下一步《普洱市古茶树资源保护条例》的实施细则等细化规定出台，才能做到有法可依。

二、古茶树资源保护法律制度建构的核心是兼顾多方利益

茶承载着普洱的历史和记忆，茶业是普洱最具特色的产业。① 普洱境内的117.8万亩野生茶树群落、26座古茶山、18.2万亩栽培型古茶园，要靠一部地方性法规进行完整有效的规范实属不易。《普洱市古茶树资源保护条例》的制定和颁布为普洱古茶树资源的保护和利用提供了基本的法律制度框架，总的来说，这个制度框架已经包含了围绕古茶树资源保护和利用中的各方参与者的权益关系，但这个制度并没有将这些参与者之间的一些重要利益关系进行详细的规范。

随着古茶树茶叶价值的升高，在可观经济利益的驱使下，出现了各种各样侵害古茶树资源的行为，例如，为了产量或图省事滥施农药（这种现象是较早期的现象。目前农户大多知道不施农药就可以成为"绿色"或"生态"产品，茶叶价值更高，已经很少有农户在古茶树上施用农药了。但古茶树非常脆弱，我们在实地调研中发现，有很多古茶树五六年前施过农药的病枝，生长情况明显不如没有施过农药的，发出的新叶也明显比没有施过农药的少，叶片也短小很多。越是树龄大的古茶树，这种现象越明显。这些现象说明农药的不当施用对古茶树生长、茶叶产量、茶叶品质都有比较长期的影响）。因为不了解科学养护的技巧，过于频繁翻松土、硬化地面，为了追求更高的经济利益过度采摘（古茶树生长较为缓慢，为了保障茶树的持续生长，采摘叶片时一般只采摘芽尖和周围的两片新叶，留下一到两片较大的新叶，有时新芽也会留一部分，每年一般只在春季采摘，有时秋季也会采摘一部

① 参见《〈普洱市古茶树资源保护条例〉将于2018年7月1日起正式实施》，载于中国网，发布日期2018年6月22日，http://union.china.com.cn/txt/2018-06/22/content_40391403.htm，最后浏览日期2019年8月6日。

分，夏季一般不采摘，这样的采摘方式决定了古茶树茶叶的产量不会太高，正因如此，加之古茶树茶叶制品口感醇厚，售价高昂驱使部分茶农或买断某些栽培型古茶树采摘权的生产商出现过度采摘行为），甚至有人为了更为丰厚的回报将不是古树茶的茶叶掺杂在古树茶茶叶中，包装为古树茶出售（也有将售价较低产区的古树茶或非古树茶掺杂在知名产区古树茶中冒充知名产区古树茶销售的），扰乱了市场的秩序。还有，随着古树茶日渐受到欢迎，如景迈山等知名产区游客渐多，旅游产业的开发对古茶树生长的环境也造成了一定的影响。

《普洱市古茶树资源保护条例》中对古茶树资源的界定、保护与管理、开发与利用、服务与监督、法律责任等都作出了具体规定，其出发点是在保护古茶树资源的前提下，有控制地对古茶树资源进行开发和利用。就目前的制度来看，《普洱市古茶树资源保护条例》将保护的制度框架搭建了起来，但里面还有不完善的地方。首先，在保护和管理部分，比较突出的问题是如何保障古茶树资源的信息统计实时更新。条款中提到"应当建立古茶树资源动态监控监测体系和古茶树生长状况预警机制"，从保护古茶树的角度看这是个非常负责任的制度构想，遗憾的是目前还没有明细的制度出台。古茶树资源的脆弱性和围绕古茶树资源各方的权益关系，决定了要保护好古茶树，是有必要监控到每一颗古茶树的。但古茶树资源分布零散，要做到监控到位，仅靠行政机关的力量是成本高昂的，这就有必要在细化制度的过程中，探讨如何将社会各界的力量吸纳进来，让行政机关更多地扮演监控信息接受者的角色。其次，在农业部门制定古茶树管护技术规范并提供技术指导服务方面，除法规明确禁止的行为外，应当经过充分的论证，避免制订"一刀切"式的管护方案，给予茶农适当的养护古茶树的空间，可以鼓励民间的养护技术交流，搭建茶农间、茶农和政府间的沟通交流平台，让好的养护实践经验可以填补法规滞后的不足，让养护技术得以高效的更新、完善。

从开发与利用的角度看，《普洱市古茶树资源保护条例》的规定尚有大量的制度需要实施细则的支撑才能落实。例如，《普洱市古茶树资源保护条例》提到要以茶节等形式促进茶叶行业和市场的发展，要鼓励民间的茶叶产品、工艺、文化等方面的交流，这些制度框架应当以详细的方案作为支撑，譬如行政机关应当如何扶持很多不知名的小产区的优质茶叶的问题。再如，《普洱市古茶树资源保护条例》第十八条规定的古茶树产品生产标准和质量控制的问题，目前茶产品的制作主要依赖人工，工艺师的制茶经验和技术在很大程度上决定了茶的口感，而在销售上，除了产地、原料、营销手段等，决定茶叶制品受欢迎程度的一个重大原因是茶的"口感"。"口感"是个很模糊的概念，由于要分批制作，即使是同一位制茶师，也很难保证同一批茶叶是一个口感，即使能够保证，在运输和保存过程中，湿度、温度等环境条件的变化，也会影响茶叶的"口感"。制定上述标准的意义就在于给市场、从业者、消费者一个茶叶质量的参考标准。在生产标准上，由于制茶是一个很难将标准化贯穿到每一个环节的过程，就目前的执法力量来看，能够落实的标准恐怕只能是在工艺的步骤、不同档次产品的原料情况等方面进行较为粗线条的规定。在质量控制上，传统的做法主要是对茶叶产品进行抽查，但这样的监管方式有较为明显的缺陷。一方面，抽查的范围、频次、事前是否保密等因素直接影响了抽查的结果及抽查对市场监管的有效性，即只要抽查的涉及面很小、频次太低或事前通知，那么抽查对古茶树产品的质量控制可能发挥不了太大的作用。另一方面，抽查的方式属于事后监督，虽然现代行政法的价值取向倾向于减少干预，可以事后监督的尽量不进行事前的干预。这里的"可以"意味着事后监督应当足够有效才能够完全靠事后监督监管。而古茶树资源的管理难度很大，由于分布零散，随时监控是一件不太现实的事。由于事后再行监控成本高昂，可以考虑事前进行深度的介入和监控。例如尽可能在产区完成所有的制作步骤并详细备案，进入主要的茶产区需要安检，避免带入对环境影响较大的物品及非该产地的茶叶；建立包括每批茶叶的制作单位、制作量、编号、去向等的信息库，如果能够做到每一件茶产品都可以追溯到出自哪一棵古茶树，假冒产地等情况应该能够得到一定程度的控制。这同时也是政府在服务和监管层面应当考虑的。

　　在服务和监管层面，还应当细化的制度是专家论证，尤其是进入专家库的专家资格标准。当民间的一些传统、有效的做法与专家意见相左的时候，是否应当允许经验丰富的民间代表参与专家论证会等问题，都是值得考虑的。《条例》提到的建立便民服务制度，投诉、举报制度，这些都是提升政府服务水平的必要制度，细化这些制度的必要性是显而易见的，比较需要关注的问题是这些制度的执行效率问题。例如，群众可以以何种方式举报和投诉；向哪个机关投诉；当行政机关收到举报和投诉，应当以什么样的态度做出反应，也即是可以回复也可以不回复，还是必须回复，应当在多长时间内回复等程序性的问题。

综上所述，普洱古茶树资源保护制度框架应该是一个兼顾各方参与者利益的制度。毕竟古茶树资源的保护不是一个单纯的"保护"问题，还涉及开发利用；它也不是一个单纯的关于"树"的问题，要保护树还得考虑树周围的人。最直接影响"树"的利益的是古茶树的所有者，他们需要依靠古茶树生产生活，在目前的经济条件下，只有保障他们的这种利益诉求，才可能实现对古茶树资源的保护。古茶树资源所有者的生存利益需要古茶树产品的生产者和经营者来配合实现。只有维护好生产和经营古茶树产品的市场环境，生产者和经营者的利益得以实现，古茶树所有者的利益才可能最大化。而当所有者可以从古茶树资源上获得利益时，他们才会有主动保护古茶树资源的内在动力。对于管理者来说，其目的是实现对古茶树资源的妥善保护和管理，只有在前述三方参与者的利益都有保障的前提下，管理者督促各方遵守规定的要求才是顺应其利益诉求的，贯彻执行政策、实现管理目标这两项职责也就不难实现。

第五章　古茶树资源立法中的保护措施与惩罚措施

在《普洱市古茶树资源保护条例》制定过程中，立法者曾就古茶树资源该如何保护、保护到什么样的程度发生过较为激烈的争论。如何在立法中体现保护的内涵，这是每一个关心古茶树资源、与古茶树资源有关的人都应当思考的问题。立法采取了对古茶树资源保护与利用并重、先保护后利用的原则，制定更为详细的保护细则与做好保护与惩罚平衡是从两个维度来解决保护问题。但综合来看，目前在立法中的惩罚措施和保护措施之间，惩罚措施的力度明显较弱，而保护措施又较为原则，为切实保护好古茶树资源，应在制定更为详细的技术规范的同时做好惩罚与保护平衡的工作。

第一节　古茶树资源保护措施与惩罚措施的立法规定

一、古茶树资源保护的内涵

关于古茶树资源的保护，立法中有两种观点。

一种观点是主张应当将脆弱的古茶树资源彻底保护起来，不允许过多的加以人工干涉诸如"采摘""打造有客栈和观光车的旅游景区"等方式的利用，因为古茶树资源对人的行为十分敏感，自身又十分脆弱，面对每年可见的资源损毁，必须采取一定的措施加以保护。要利用古茶树资源也不是不可以，但由于现有的技术和认识对如何平衡"利用"和"保护"尚无确定的结论，出于珍贵资源的保护诉求，应当将是否利用的问题搁置，暂时性地采取"完全保护、禁止利用"的态度，待到科学研究和技术对"如何采摘才对古茶树影响最小""应不应当对古茶树进行翻土施肥等'养护'措施""在古茶树下种植林下作物会对古茶树及古茶产品产生怎样的影响及多大的影响"等问题能够有明确解释时，再修改制度，研究如何利用古茶树资源。在此之前，应当将古茶树资源的属性简单化为单纯的珍贵植物，划定自然保护区，允许"远观"，不可"近玩"。

另一种观点则认为，在历史长河中，从布朗族的传统看，布朗族先民很早就将古茶树作为重要的经济作物，就将茶叶作为药、食物和商品进行利用。茶树的属性从实践上看，就与其他植物不同，它不是单纯的房前屋后的遮阴植物或是庭院中的装饰物，茶叶在饮食、生活、贸易和祭祀等多个层面深度参与了人们的生活，这种属性本身就是茶文化的一个重要部分。若将这些属性人为地剥去，茶的文化和经济价值必将折损，更重要的是，这种人为的割裂不符合茶叶产区的基层群众的生产生活实际和利益诉求，在执行上必将遭遇较大的阻力。与其强硬扭转群众的生产生活模式，不如顺应其传统和现状，允许开发和利用，但也应当看到群众的利用行为对资源存续产生的现实不良影响和潜在危害，对利用加以一定程度的限制。最终立法对古茶树资源采取了保护与利用并重、先保护后利用的原则。

二、古茶树资源立法中的保护措施规定

《普洱市古茶树资源保护条例》中除了政府制定规划、资源普查等常规保护措施外，在保护资源的生态属性上，比较值得关注的是《普洱市古茶树资源保护条例》第十四条规定的"管护技术规范"的制定、绿色管护要求、"夏茶留养"这一民间习俗的吸纳以及禁止性行为的明确。

首先，《普洱市古茶树资源保护条例》只明确了应当制定"管护技术规范"而并没有对其内容的范畴进行明确，但从其后文中要求管护规范的制定者和培训指导者，即林业部门和农业部门对施用有机肥和绿色防控技术进行监督的要求来看，

"管护技术规范"着重的是尽可能"绿色生态"地利用古茶树资源。

其次，在绿色管护要求上，《普洱市古茶树资源保护条例》对近一段时间以来比较突出的大量使用化肥农药的问题作出了有针对性的规定。确实，在《条例》出台之前，古茶山、古茶园中到了病虫害高发的春季，常常能够闻见刺鼻的农药气味。因为普洱茶在国际上都很受追捧，有些茶园想要将茶叶出口，却因为农残超标等问题错失良机。一些装农药的包装袋被随意丢弃在茶山茶林中，对环境也造成了污染。鉴于此，《普洱市古茶树资源保护条例》确立了严格的绿色养护要求。

最后，由于茶叶价格飞涨，很多茶农为了眼前利益，过度采摘，部分茶农甚至将每季新长的嫩芽几乎采尽，严重影响了古茶树的生长。《普洱市古茶树资源保护条例》对这种过度采摘的方式进行了约束，将民间采茶的习俗吸纳进立法，明确了一年只采两季、"夏茶留养"的要求。

三、古茶树资源立法中的惩罚措施规定

《普洱市古茶树资源保护条例》第十四条、第十六条集中规定了古茶树资源的保护制度，对如何保护古茶树资源提出了要求。针对违反这些要求的行为，《条例》在第五章"法律责任"的部分，即第二十六至二十八条作出了规定，具体表现在以下几个方面。

（一）第二十六条相关内容

《普洱市古茶树资源保护条例》对违反第十四条第二款关于"夏茶留养"的采摘方式的规定进行采摘的行为明确了法律责任，规定由林业行政部门责令停止违法行为，并处 200 元以上 1 000 元以下的罚款。但对于第一款中违反技术规范的行为该如何处罚没有作出规定。

（二）第二十七条相关内容

第二十七条分五款对第十六条规定的前六种明确禁止的行为的责任作出了规定。分别是：擅自采伐、损毁、移植古茶树或者其他林木、植被的，没收违法所得，涉及古茶树的，每株并处 6 000 元以上 3 万元以下罚款；涉及其他林木、植被的并处其价值 5 倍以上 10 倍以下罚款；擅自取土、采矿、采石、采砂、爆破、钻

探、挖掘、开垦、烧荒的，或者排放、倾倒、填埋不符合国家、省、市规定标准的废气、废水、固体废物和其他有毒有害物质的，责令限期恢复原状或采取补救措施，并处 600 元以上 3 000 元以下罚款，情节严重的，处 3 000 元以上 1 万元以下罚款；施用有害于古茶树生长或品质的化肥、化学农药、生长调节剂的，处 200 元以上 1 000 元以下罚款；种植对古茶树生长或者品质有不良影响的植物的，责令限期改正，恢复原状，并处 200 元以上 1 000 元以下罚款；伪造、破坏或者擅自移动保护标志、挂牌的，责令限期恢复，并处 200 元以上 1 000 元以下罚款。

（三）对于长期存在的粗暴管理甚至伤害古茶树的严重行为的相关规定

《条例》经过梳理和整理，对粗暴管理甚至伤害古茶树的行为进行了禁止性的规定。例如，明确禁止擅自采伐、损毁古茶树及其周边的林木，在古茶树周边倾倒废弃物、擅自取土、烧荒等损及古茶树及古茶树周围生态环境的行为。

（四）第二十八条相关规定

第二十八条是对林业、农业、茶业等部门及其工作人员在履行职责过程中的过错的责任规定，不构成犯罪的，给予行政处分，构成犯罪的则追究刑事责任。

四、古茶树资源立法中保护措施与惩罚措施的定位分析

《普洱市古茶树资源保护条例》中的保护措施，都是以绿色发展为主题，在保护的基础上适当利用古茶树资源的方案。总的来说，其定位是在保护的基础上求发展。无论是管护问题，还是采摘利用和禁止性行为的规定，都是以保护古茶树资源的持续利用为前提的，可以看出，在如何保护古茶树资源的问题上，《普洱市古茶树资源保护条例》是以未来眼光制定的。

（一）保护措施定位分析

管护问题在立法的过程中，有观点认为，化肥和农药不应当"一刀切"地完全排除使用。但在笔者的调研中，比较有经验的古茶树的养护者都认为，化肥和农药见效虽快，但古茶树对化肥农药非常敏感。例如普洱市澜沧县邦崴乡的那棵著名的千年茶王 1 号，曾经因为病虫害，在其中的一枝上施用了农药，后来施用了农药的那一枝虽然已经不再有病虫害，但生长状态明显不如其他枝条，叶片明显更小，也

更缺乏光泽。据养护者和部分专家的介绍，古茶树生长非常缓慢，树龄越大越是如此，一旦施用农药，虽然可以立竿见影地治愈古茶树病虫害，但后期恢复非常缓慢，有些古茶树甚至出现生长态势不佳、停止生长甚至渐渐枯萎的情况。而作为具有极高品质的古茶树茶叶，施用过农药化肥的茶叶口感明显大不如前。鉴于这些原因，《普洱市古茶树资源保护条例》出于长期发展的考虑，在养护古茶树的要求上选择了严格推进生态养护、绿色养护的方案。

采摘利用方面主要存在两个较大的问题。一是为了短期经济利益的最大化，将每一季新发的嫩芽几乎采完，阻碍了古茶树的自然生长；二是在采摘新芽鲜叶时，为了增加卖鲜叶时的称量，除了新芽及新芽旁侧的一叶或两叶，将已经舒展开的嫩叶也完全采摘，相当于所有新发的鲜叶被完全采尽。这两种破坏性的采摘方式对古茶树生长的破坏性是极大的。在传统的采摘方式中，树龄较小的茶树生长态势较旺，可能出现一年采摘两季的情况（春季和秋季，但主要是春季）；树龄较大的茶树生长态势较缓，一般只在春季采摘。加之一般春季采摘的茶叶口感更佳，出于口感的考虑，在传统的采摘方式上，古茶树往往只采春茶，且量都不大，一般都会留下足够的新叶，让茶树保持良好的生长。在立法上，为了更好地保护古茶树资源，便将这种民间习惯吸纳进立法当中，提出了应当采取"夏茶留养"的方式，明确了每年 6 至 8 月期间不允许采摘鲜叶，旨在防止破坏性的过度采摘，有序、有节制地利用古茶树资源。

（二）惩罚措施定位分析

在立法过程中，对涉及禁止性行为的处罚的力度设定和处罚的额度确定方式有不同的观点。

在处罚的力度设定上存在两种观点。一种观点认为，古茶树需要利用，但前提是保护，因为古茶树从理论上说虽然是可以再生的，但其承载的文化记忆及再生过程所需要耗费的时间成本是不可估量的，从现实来看，可以视为不可再生。《普洱市古茶树资源保护条例》中的禁止性行为是对毁坏古茶树资源的最严重的几种行为的列举，这些行为轻则损害古茶树资源的价值，重则可能直接导致古茶树资源的灭失。对于这些行为，应当采取较重的处罚力度，产生足够的威慑力，让人不敢去做出伤及古茶树资源的行为。对此，《普洱市古茶树资源保护条例》确定的执法机关则持另一种观点，它们认为重罚从理论上看的确可以产生一定的约束作用，但从实践来看，普洱市辖区内很多古茶树所在地的居民经济收入都较低，文化程度不高，很多人对"法"和"罚"没有概念，如果做出了违法行为，行政机关就必须依法对其进行处罚，但若处罚太重，罚款金额太高，违法行为人极有可能无法承受，最终会导致这些处罚无法执行。而行政机关目前又面临执法执行率的严格监督，如果有执行不到位的情况，可能会面临检察院的执法督促，甚至因为"不作为"而成为被告。普洱市人大立法能够设置的处罚责任上限是30万元人民币。在对处罚力度进行探讨时，很多人建议将处罚责任提高到1万元以上，尤其对于那些会损毁古茶树的行为，例如砍伐、移栽等，应当用较重的处罚进行约束。但在责任的最终确定上，还是采用了较低的处罚标准。

在处罚额度的确定方式上，也存在两种观点。有学者在立法建议中提出应当按照造成损失的价值来确定处罚责任，这样的责任确定方式足够灵活，能够适应时代发展和经济变化，更重要的是，这样的责任确定方式能够更加公平地在损害和责任之间找到平衡。具体来说，应当在不超过处罚责任上限的前提下，以行为造成的损害所对应的价值的倍数来确定处罚额度。但这种处罚责任确定方式却遭到了反对，主要的反对原因是在损害的价值的认定上，就目前的基层执法资源情况看，由于人力、物力和技术的限制，对每一次损害都进行鉴定的可能性不大，这样就可能导致在确定责任的时候，要么久拖不决，要么任意定价，比较符合实际的做法还是直接确定处罚幅度，这样较为简单明了，便于执法，也便于群众学习了解相关规定。这样的反对理由也不是没有道理的。鉴于此，在最终方案上，还是采用了较为符合现实情况的直接明确处罚幅度的立法方式。

制定禁止性行为条款过程中，《普洱市古茶树资源保护条例》归纳总结了往常实践中较为常见的、严重影响古茶树资源的几种行为，对绝对禁止的行为进行了列举。从现实情况来看，由于古茶树产品的价格越来越高，很多茶农已经意识到了古茶树的珍贵，想要保护古茶树，只是不知道自己可以如何保护，或者意识不到自己的一些行为已经影响到了古茶树的生长。例如，有很多栽培型古茶树都生长在农户家的房前屋后，在古茶树产品价值飙升前，很多人家都会在古茶树周围随意堆放或倾倒生活垃圾，甚至随意修剪、采伐古茶树。现在，人们有了保护意识，但欠缺的是科学保护的知识，例如有些农户认为剩饭剩菜可以作为肥料，便将之倾倒在茶树周围，污染了茶树周围的环境，严重影响了茶叶产品的口感。《普洱市古茶树资源保护条例》对这些禁止性行为的列举，为古茶树养护限定了行为规则的底线。

第二节　古茶树资源立法中保护措施与惩罚措施建构建议

一、惩罚措施与保护措施的平衡

所谓惩罚措施与保护措施的平衡，包含两个维度的问题，一是惩罚措施能否助力保护措施的落实，二是惩罚措施和保护措施能否助力立法目标的实现。

在第一个维度上，《普洱市古茶树资源保护条例》的保护制度旨在确保古茶树资源的绿色发展，在维护其生态环境良好的前提下，有节制地开发利用资源。为此，《普洱市古茶树资源保护条例》确定了以绿色养护为标准的养护规范及落实、绿色防控措施的采用、限期采摘、禁止损毁等行为规范。在法律责任层面，《条例》对这些行为的违反基本都确定了责任，基本上达到了每一项保护要求在履行不到位时都有法律责任的要求。但一个突出的问题是在这些保护措施中，除了"夏茶留养"的规定较为明确外，其他措施都只有原则性的规定，如何落实，还需要进一步的细化规定出台进行明确。目前，对古茶树的保护还需要制定详细办法。例如，有专家认为应当将古茶树周边的伴生植物清除，进行施肥翻土，这样古茶树才能获得更多的养分，生长得更加茁壮；但又有专家认为，古茶树茶叶产品是古茶树资源的重要价值体现，同样是茶树，生长年份相同、生长地域相同、气候环境几乎无异，同样的采茶制茶工艺，口感却会产生天壤之别，很重要的原因就是茶树周围的伴生植物不同。周围有松柏的茶树，口感往往更好，但周围被人工清理得只剩少许杂草，甚至只有土壤的，口感会差很多，最终导致茶叶售价受到极大影响。再者，植物生长不是孤立的，必须依赖健康的生态环境，过度的人工干预实质上可能反而打破了原有的生态平衡，认为人工干预是积极的可能只是人们的一厢情愿。

从第二个维度上看，《普洱市古茶树资源保护条例》的立法目的是实现古茶树资源在保护的前提下有序、有节制的开发利用，现有的保护制度对曾经出现的较为恶性的损毁行为有了明确的禁止,对可能有损古茶树资源的行为进行了原则性的规定,但在处罚责任上,处罚力度相较于目前古茶树资源的价值是远远不够的,可以说其约束作用是不足。加之处罚额度的确定方式不够灵活,随着古茶树资源价值的逐年增长,这样的惩罚责任应该会很快就无法适应现实需求,进而达不到助力保护措施落实的效果,最终无法实现立法目的。

从地方发展的历史、结合发展的未来方向来看,古茶树资源应当在十分节制的利用和保护中进行平衡。古茶树的价值不仅仅是单纯的生态意义上的价值,也许野生的古茶树的生态价值要大一些,栽培型古茶树的价值中很重要的一部分在于其在与栽培者共同生活的历史过程中体现出来的文化、历史和经济价值。普洱市以绿色发展作为城市发展方向,若没有节制地开发利用古茶树资源,由于古茶树十分脆弱,很容易使"绿色"不再,"发展"也就谈不上了。而古茶树如果损毁严重,依附于树的古茶文化,也就没有了基础。鉴于此,针对古茶树资源的首要任务是将其保护起来,使得其可以较为完整地流传下去;同时也应当尊重其一直具有的文化和经济价值,毕竟"绿色"之后是"发展",普洱本地很多产区的农户世代依靠茶叶等农产品为生,禁止他们利用古茶树是不太现实的,也是违背普洱古茶文化传统的,只有生活中一直有"茶",古茶文化才是"活的"。但在如何保护还没有明确的方案之前,还是应当以尊重自然生态为佳,适当地"留"才能更好地"用"。目前,《普洱市古茶树资源保护条例》采取的态度,就是十分节制地开发利用古茶树资源,在保护和利用中谋求平衡,这是符合普洱未来发展规划和发展需要的。

综合来看,目前在惩罚措施和保护措施之间,惩罚措施的力度明显较弱,对保护措施落实的促进作用有限,而保护措施又较为原则,其落实的效果尚未可知,立法目的能否实现还需考证。

二、完善保护措施与惩罚措施的建议

(一)进一步细化保护制度

《普洱市古茶树资源保护条例》中关于保护古茶树资源的很多规定都只有一个制度名称的提出,具体应该如何操作,都没有明确的规定。这样的规则在实践中是无法执行的，为了提高行政效率，应当加快制定相关实施方案，对每项保护制度的实施要求进行细化规定。例如第十三条规定了应当建立古茶树资源动态监控监测体系和古茶树生长状况预警机制，从名称上看，该制度应当是想对辖区内的古茶树生长状况实施监控，以便及时作出有针对性的保护措施和干预措施方案，尤其是在有病虫害的时候，可以及时响应，避免资源遭受更大的损失。这一设想是很能体现政府保护社会资源的决心的，但应当如何保障数据的实时更新，所谓的动态是人工巡查还是设备监控，多久巡查或检查一次，监控的数据应当如何汇聚上传，在怎样的条件下即应当启动预警，预警是否有级别区分，预警的级别区分的标准是什么，分别有怎样的应急方案等，都是应当细化的部分。同样需要细化的还有管护技术规范的范畴，如对在古茶树资源保护范围内建设施工时应当采取的避让或保护措施是否要审查备案，有没有保护或避让的标准等。

（二）在法律责任中增加对违反技术规范行为的责任

从制度的完整性上考虑，每一项行为规则都应当对应违反规则的后果。在保护制度上，其实现在的古茶树所在地的农户已经很少出现砍伐等极端的行为，更多的不知道该怎样养护古茶树，养护技术规范就应成为农户日常养护古茶树的行为准则。可以说，在养护古茶树上，《条例》更多的是在告诉农户什么不能做，而农户该怎么做，则需要依靠养护规范来指导。为了让古茶树得到更好的养护，就应当约束农户的养护行为。仅仅依靠技术培训和指导，依靠没有"后果"的监督，技术规范只能是"技术建议"。所以，应当在制定技术规范的基础上，进一步明确，如果违反技术规范，应当承担什么样的法律后果。

（三）法律责任的设置

建议修改为较为灵活的责任确定方式，对于执法难的问题，通过执法能力的提升进行解决。前文论述提及在法律责任中处罚额度的确定上，目前的制度采用了虽然简单明了，但灵活性欠佳的固定幅度和处罚金额，而且处罚力度太轻。之所以采用这样的方式，是基于当前执法能力和执法难度的考虑。从整体来看，《普洱市古茶树资源保护条例》的目的是促进古茶树资源的可持续发展，所以保护古茶树资源的意义重大。法律责任的设定应当在着眼当下的同时考虑到将来。古茶树资源的价值只会增长，从当下来看即已偏低的处罚标准，很难适应将来的需求。但如果采用较为灵活的方式，如前文论及的另一种观点，即以损失的倍数确定处罚金额，不但能够随着市场发展的情况确定处罚额度，灵活性很高，而且能更加公平地将损害和责任对应起来。至于前文所述的执法难的问题，价值鉴定的困难不应当回避，完善古茶树价值认定制度，也更有利于保护古茶树资源。至于对执法机关因无法执行而遭到问责的担忧，只要行政机关将自己履行职责的证据收集充分，哪怕面临诉讼，也可以证明自己并没有不作为。综合来看，制度的不足和执行的困难都不应当成为阻碍古茶树资源保护的因素。

第六章　普洱茶地理标志保护与古茶树资源立法

普洱市提出对原产地普洱茶资源生进行态保护，其目的是促进普洱茶资源与市场需求相契合，形成绿色、可持续发展的普洱茶产业之路。普洱茶的生产特性、产业现状和今后的绿色发展定位注定地理标志的重点保护不可或缺。普洱茶地理标志，从普洱茶产地、生产工艺、特定品质和所承载的商誉反映出其独特性和排他性，表现出地理标志既有的实然形态。普洱茶地理标志本应成为肃清普洱茶市场乱象的利器，但囿于茶农和茶企落后的种植和生产模式、地理标志天然缺陷、权利人维权积极性不高和机制不畅、行政机关监管缺位等原因，普洱茶市场中冒充普洱茶，特别是冒充名山名茶的现象屡见不鲜。在地理标志申报、运营、监管主要依赖公权力的背景下，地方政府应从顶层制度设计上改变传统种植和生产模式，从扶持品牌建设方面着手，调动权利人积极性。相关行政监管部门应加大对假冒伪劣普洱茶的打击，加强市场监管，协助社会组织积极申报名山名茶地理标志。司法机关也应在公益诉讼和地理标志法制宣传上发挥协同作用。多方发力，使普洱茶地理标志这一知识产权真正发挥其经济效益和法治效益。

第一节　普洱茶地理标志保护现状

地理标志从广义上包括原产地名称和货源标记。原产地指的是某货物和产品的最初来源，即货物和产品的生产地。原产地名称是指一个国家或地区的地理名称，表明产于该地产品的特定质量或特征主要由该国家或地区的地理环境所导致，包括自然和人为的因素，其实质是一种质量认证标志，向消费者保证该产品的质量和特点；而货源标记是标示一种产品来源于某个国家或地区的标记，实质是表明其产品来源，即说明产品是在该地生产制造或加工。从国际角度看，世界贸易组织《与贸易有关的知识产权协定》第 22 条第 1 款中的地理标志没有明确仅限于某个地名，其定义的外延要宽于地理名称，与某地方相关的知名产品名称也可受到保护，原因就在于该标志有助于消费者确定商品的产地来源。因此，对地理标志通俗的解释就是知名土特产的特定产地名称或者实践中形成的与产地名称紧密相关的其他标志。地理标志，既是产地标志，也是质量标志，更是一种知识产权。

我国自 20 世纪 80 年代开始地理标志的保护，从 1985 年 3 月加入《巴黎公约》负有国际保护义务开始，国家工商总局和各级工商局通过行政命令等方式对国际地理标志和我国带有地理标志性质的产品进行行政保护，经过 8 年行政手段保护，1993 年第一次修改的《商标法》及《商标法实施细则》初次对集体商标、证明商标作出法律规定，但并未明确说明地理标志可以申报集体商标和证明商标；2001 年为适应加入世贸组织要求，第二次修改的《商标法》第一次在法律层面对地理标志保护作出明确规定，随后相关配套的《集体商标、证明商标注册和管理办法》和《商标法实施条例》进一步细化了地理标志、证明商标的注册、管理和保护；1999 年国家质监局颁布了《原产地域产品保护规定》，2008 年农业部颁布了《农产品地理标志管理办法》。由此可见，我国地理标志保护形成了商标法保护和地理标志产品保护的双重保护体制：一是通过注册集体商标或证明商标的商标法保护模式；二是申请地理标志产品的专门法保护模式。商标法规定地理标志可以作为集体商标或证明商标申请注册，从而获得保护。2017 年 3 月 15 日通过的《中华人民共和国民法总则》第 123 条明确将地理标志规定为知识产权客体。这就将地理标志的知识产权客体属性上升到基本法的层面，同时也为从私权角度对地理标志进行制度设计提供了更多可能性，从对地理标志所赋予的权利角度看，法律赋予了一种私权，利于权利人对于未经许可的侵权使用行为采取救济措施。从保护方式看，《商标法》通过提供私权救济和对证明商标或集体商标注册人未能确保商标使用管理规则的遵守的处罚，来实现地理标志商标的合法使用。而相关部门的规章是通过行政管理手段制止和处罚假冒地理标志的行为和不符合使用条件的地理标志使用行为。

自我国地理标志制度建立后，云南省各地申请地理标志的热情不减。普洱茶地理标志证明商标于 2007 年 7 月 1 日经原国家工商总局商标局核准注册。普洱茶地理标志保护产品于 2008 年 5 月 13 日经原国家质监局批准，与此配套的《地理标志产品普洱茶国家标准》于 2008 年 12 月 1 日正式实施。普洱茶地理标志①的使用，提高了普洱茶的知名度，为云南各地的茶农增收、茶业增效以及经济发展做出了积极贡献。截至 2018 年，云南省拥有地理标志产品 244 件，原产地地理标志保护产品 85 件②，已经超额完成《云南省"十三五"知识产权发展规划》中"到 2020 年，地理标志总量超过 200 件"的目标。这其中就包括普洱茶地理标志。2018 年 7 月 1 日，普洱市颁布了《普洱市古茶树资源保护条例》，推动了云南省茶叶资源的立法保护进程。《条例》明确了古茶树资源保护的基本原则是"保护优先、管理科学、开发利用合理"，同时兼顾文化传承和品牌培育的全面发展，要求普洱市、县（区）人民政府应当引导茶叶专业合作机构规范发展，统一古茶树产品生产标准，进行质量控制，提升产品质量和水平，鼓励和支持茶叶生产企业进行产业融合，打造古茶树产品品牌，争创各级各类名牌产品；对具有特定自然生态环境和历史人文因素的古茶树产品，申请茶叶地理标志产品保护；各级市场监管行政部门应当会同林业、农业、茶业等部门建立古茶树原产地品牌保护和产品质量可追溯体系。

2018 年 11 月 12 日，云南省人民政府下发《关于推动云茶产业绿色发展的意见》，其中第六条规定打造绿色云茶品牌，明确提出要引导各地申报、创建地理标志产品，到 2022 年全省创建茶叶地理标志、地理标志保护产品 30 个以上。截至 2018 年年底，普洱市 34 家普洱茶企业参与申报的地理标志证明商标，获得了国家知识产权局的核准，标志着普洱茶原产地地理标志建设已拉开序幕，为普洱茶原产地生态保护与发展建立长效机制迈出了重要一步，也对普洱茶地理标志知识产权保护工作提出了更高的要求。

---

① 本书所称"普洱茶地理标志"为普洱茶地理标志证明商标和普洱茶地理标志保护产品的统称和简称。

② 参见《2019 年云南省知识产权宣传周正式启动》，载于《云南经济日报》，http：// k. sina. com. cn/article_ 5887928088_ 15ef2a71802000hlni. html，最后访问日期 2019 - 04 - 23。

第二节　普洱市名山普洱茶品牌建设实践

一、普洱市名山普洱茶品牌建设情况

为提升名山普洱茶的品牌价值，增进消费者对名山普洱茶的信任度，自 2016 年起，普洱市通过统一品牌、统一标准、统一检测、统一监控、统一标识"五个统一"，实现了名山普洱茶从鲜叶到终端产品的一致性，走出了一条具有普洱标识的品牌打造之路。

（一）统一品牌

按照"政府引导、联盟主体、市场主导"的原则，以最具影响力、最有知名度的景迈山古茶林、困鹿山古茶园、凤凰窝古茶为核心，把景迈山、宁洱县境内、墨江县境内的栽培型古茶树和生态留养茶资源进行整合，形成了"景迈山古茶林""普洱山""凤凰山"3 个名山普洱茶品牌。联盟企业标准中对 3 个品牌的原料来源进行了限定，景迈山古茶林普洱茶限定为景迈山景迈、芒景 2 个行政村辖区内的 11 个村寨的古茶林；凤凰山普洱茶限定为墨江县域内的须立贡茶古茶山、团田古茶山、通关古茶山、坝溜古茶山、迷帝古茶山、景星豪门古茶山。普洱市名山普洱茶分为古茶树茶和生态留养茶。

（二）统一标准

已获得普洱茶地理标志保护产品专用标志使用权的企业成立诚信联盟，并制定诚信联盟章程。联盟企业制定了高于 GB/T 22111—2008《地理标志产品——普洱茶》国家标准的诚信联盟企业标准，即《普洱景迈山古茶林普洱茶（生茶）紧压茶》《普洱山普洱茶（生茶）紧压茶》和《凤凰山普洱茶（生茶）紧压茶》企业标准，3 个标准规定的农药残留检测项目在国家标准 48 个项目的基础上，达到 106 个，且没有限量值，都为不得检出，污染物限量项目由国家标准的 1 个增加到 7 个，以最严格的标准保证了联盟产品的高质量。

（三）统一检测

加入诚信联盟的企业向诚信联盟申报自有或者建立合作关系的古茶林面积，诚信联盟对申报面积进行核实后，合理确定申报企业每年的古茶林普洱茶产量并进行公示。诚信联盟将确定的古茶林普洱茶产量提交审批表报澜沧县茶叶和特色生物产业局、普洱市茶叶和咖啡产业局逐级审定后报普洱市质监局，普洱市质监局根据核定的产量发放内飞，并将监控中心与各联盟企业的监控系统实现联网，联盟企业在监控下将内飞压制进产品中。将压制好的产品送入包装车间后，品牌办公室委托国家普洱茶产品质量监督检验中心对联盟企业每一批的产品进行现场抽样、确认产品数量并封存、检验，并将包装车间进行封闭，待出具检测报告且全部检验项目符合联盟企业标准后发放标志。凡是检验不合格的产品，一律不得以联盟产品的名义出厂销售，诚信联盟以严格的检测制度保证了联盟产品的高品质。

（四）统一监控

普洱市质监局建设了地理标志产品专用标志使用监控系统，与获得普洱茶地理标志产品专用标志使用权的诚信联盟企业监控系统联网，实现对诚信联盟企业产品生产、现场抽样、产品封存、产品包装和加贴专用标志的全过程监控，做到生产操作公开透明，生产流程可监控，全程的生产监控保证了联盟产品的可信度。

（五）统一标志

经检测合格的联盟产品，由普洱市质监局按照一品一码的要求，以抽样基数发放属于每片茶的专用标志。专用标志在普洱茶地理标志保护产品专用标志的基础上，印有当地县人民政府、普洱市茶叶和咖啡产业局、普洱市质量技术监督局、国家普洱茶产品质量监督检验中心的名称，并具有二维码扫描功能。企业在监控下将专用标志加贴在产品包装上，国家普洱茶产品质量监督检验中心便激活专用标志上的二维码，实现产品可溯源。

二、普洱市名山普洱茶品牌实践成效

（一）名山普洱茶品牌管理形成部门协作机制

名山普洱茶品牌建设工作由普洱市茶叶和咖啡产业局、普洱市质量技术监督局、普洱市古茶园保护管理局、国家普洱茶产品质量监督检验中心以及涉及的县政府共同协作完成，开创了"政府主导、部门主抓、企业主体"协同抓品牌建设工作的新局面，建立了品牌建设办协调，普洱市茶叶和咖啡产业发展中心主抓，普洱市质监局监管，国家普洱茶产品质量监督检验中心技术服务部门协同的机制。

（二）名山普洱茶品牌价值得到大幅提升

普洱市利用聚合效应形成普洱茶区域品牌，提高了特色产品市场认知度，古茶树资源得到有效整合，产品质量得到大幅度提升，确保了普洱名山普洱茶从茶园到茶杯的可追溯、可识别、可查询和可信任，普洱茶区域品牌价值凸显，景迈山、凤凰山、普洱山在知名度、产值效益等方面有较大提升。2017 年、2018 年普洱茶在中国茶叶区域公用品牌价值评选中，连续两年位居首位。在 2016 年、2017 年中国品牌价值评价中，以云南省普洱、临沧、西双版纳三地为核心产区的"普洱茶"品牌，在地理标志产品类中品牌价值先后位列第 6 和第 7 位。截至 2018 年底，12 户联盟企业共生产名山普洱茶产品 31.679 吨（景迈山 22.912 吨、普洱山 7.197 吨、凤凰山 1.57 吨），截至 2019 年 6 月，这些产品已销售约 15 吨。茶叶销售价格总体呈现动态的上升趋势，景迈山古茶林普洱茶从联盟组建前的 400 元/千克卖到 1200 元/千克，澜沧古茶公司联盟产品产量从第一批的 700 千克增加到 2018 年的 5350 千克，市场供不应求；墨江水之灵茶业产品从联盟组建前的 600 元/饼卖到 1200 元/饼；普洱茶集团生态留养茶产品从联盟组建前的 300 元/饼卖到 680 元/饼。①

（三）名山普洱茶品牌建立平台合作模式

普洱市政府引导景迈山、普洱山、凤凰山普洱茶诚信联盟积极与中国工商银行"融 e 购"、移动"彩云优品"、"一部手机游云南"等平台洽谈合作，多渠道营销联盟产品，扩大了普洱茶的市场影响力。三家诚信联盟在第十三届云南普洱茶博览会上与普洱茶投资集团有限公司合作，以"普洱市名山普洱茶联盟"名义参展亮相，与诚信联盟开启合作共同发展模式，为名山普洱茶联盟深层次合作奠定了基础。

（四）景东、景谷、镇沅、江城四县名山普洱茶品牌推进情况

2018 年中共普洱市委办公室、普洱市人民政府办公室联合下发了《关于印发普洱市擦亮"普洱茶"金字招牌三年行动计划的通知》，启动了景东、景谷、镇沅、江城四县名山普洱茶品牌打造工作。

---

① 参见普洱市茶叶和咖啡产业局 2018 年统计数据。

1. 积极引导企业申报地理标志产品专用标志

通过宣传、动员、培训，2018 年普洱市质量技术监督局共组织 40 户企业申报专用标志。2018 年 7 月 30 日，国家知识产权局核准 9 户企业。其余 19 户通过云南省质监局审核，12 户通过普洱市质监局初审。[①]

2. 召开启动会推进落实

为加速推进名山品牌打造工作，普洱市茶叶和咖啡产业发展中心、普洱市质监局、国家普洱茶产品质量监督检验中心及普洱茶投资公司于 2019 年 1 月到景东县、镇沅县、景谷县、江城县召开名山普洱茶品牌建设启动会，通过"政府主导、部门主抓、企业主体"推动模式，充分调动联盟企业积极性，制定了章程、标准，明确了联盟企业的工作目标任务，明确分工，明确时间节点，确保名山普洱茶品牌建设工作有序开展。

3. 广泛动员宣传，指导企业改造厂房、安装监控

由普洱市茶叶和咖啡产业发展中心牵头，普洱市质监局、检验中心等部门参与，共同到景东县、镇沅县、景谷县参加名山普洱茶品牌建设启动会，并多次到指导参与品牌打造的普洱茶生产企业进行厂房改造、监控安装等工作，按照各县确定的品牌名称，已设计出品牌专用标志。截至 2019 年 6 月，四县已成立诚信联盟，其中景东县有联盟企业 6 家，景谷县有联盟企业 6 家，镇沅县有联盟企业 2 家，江城县有联盟企业 3 家。各个联盟正在按照启动会要求，完成监控的安装、包装设计、数量申报审核，对标对表有序推进联盟产品生产。

4. 诚信联盟企业标准制定及实物标准样的制作

国家普洱茶产品质量监督检验中心对景东县、镇沅县、景谷县、江城县的茶叶产品质量、土壤环境质量进行检测，组织诚信联盟企业制定了企业联盟标准，并于 2019 年 2 月 13 日至 14 日组织专家评审，联盟标准已进行备案。国家普洱茶产品质量监督检验中心完成了四个县标准实物样品制作。

5. 加大四县名山普洱茶品牌宣传工作

普洱市政府组织团队到四县进行宣传片拍摄工作，2019 年 4 月已顺利完成拍摄工作，随后展开了四县名山品牌的系列新闻发布工作，进一步扩大了云南省普洱茶

---

① 参见普洱市茶叶和咖啡产业局统计数据。

的影响力。

第三节　普洱市名山普洱茶保护困境

习近平总书记在党的十九大报告中指出，要"倡导创新文化，强化知识产权创造、保护、运用"。加强普洱茶地理标志的知识产权保护是推进普洱茶及其古茶树资源保护的重要内容。普洱市拥有"中国茶城"美誉，是举世闻名的普洱茶茶源地。普洱茶概念已成为茶类著名品牌。普洱茶的再次复兴，既基于历史的沉淀，更来源于良好的生态资源和产地地理条件、自然因素的支撑。普洱茶界近年热捧的"国有林古树茶""森林乔木茶"等，表明生态良好是识别优质普洱茶的标识。普洱名山茶的持续高销，更凸显个性化的需求。普洱茶产业融传统工艺、民族旅游、科技创新等特色产品或服务于一体，也绽放出独特的异彩。但是，普洱名山茶资源的开发和地理标志保护还存在很大的困难。普洱因受区位限制和社会经济发展程度影响，整个地区的知识产权保护意识不足。普洱茶地理标志保护处于刚刚起步的阶段，要得到社会的普遍认同和接受还需要一定的时间。目前普洱茶产品地理标志建设推进缓慢，也在一定程度上使得原产地普洱茶产品品牌不彰、效益难显，尤其是生态优质普洱茶的产品价值未能得到体现。这已逐渐成为原产地普洱茶产业持续发展的"瓶颈"之一。普洱茶地理标志作为一种知识产权，其起到的保护原产地普洱茶、排斥非原产地茶叶冒充的作用还未充分发挥。究其原因有以下几方面。

一、经济基础

（一）"物质生活的生产方式制约着整个社会生活、政治生活、精神生活的过程"[1]

良法之所以未能发挥其应有作用，还要追溯到经济基础。普洱大多数名山产茶

---

[1]　参见中共中央马克思、恩格斯、列宁、斯大林著作编译局《马克思恩格斯选集（第二卷）》，人民出版社1972年版，第82页。

区所在地区经济欠发达、公共基础设施薄弱，再受限于特殊的边远、山地地理环境，很多茶农的种茶方式仍然是家庭式的靠天吃饭模式，茶园规模小、杂、乱，科学、现代化种植能力不足。

（二）茶企业市场竞争力量薄弱

普洱茶企业普遍规模小，生产的茶叶数量多但品质参差不齐，茶叶品牌小、弱、散，茶企自身经济实力不足，融资难；且工厂设备老化，生产加工能力弱。茶叶企业小、散、弱问题突出，品牌认知度低，抱团发展意识不强。行业整合难度大，普遍存在"宁做鸡头不做凤尾"的思想。基于以上原因，上市的茶叶大多数都是中低档产品，产品的技术含量和附加值低，且品牌众多，价格低廉，为不法茶企和茶商"混淆视听"提供了漏洞。

（三）普洱茶地理标志保护的地域广、原产地多，导致同一区域同质化竞争严重

普洱茶地理标志的保护原产地就包括普洱、西双版纳、临沧、德宏等云南州市。普洱茶在省外有特点和优势，但是在省内则没有特点和优势，保护地域越广，同质化竞争就越严重，同质化竞争严重就极有可能会导致无序竞争，损害相关利益方，使地理标志无法发挥其作用。笔者调研发现，普洱茶企和茶商[①]多如牛毛，且小、散、乱，普洱茶市场中存在的以非原产地茶叶冒充普洱茶、以非名山名茶冒充名山名茶的现象并未明显减少，相反非常普遍，人们选择普洱茶的标准不是普洱茶地理标志，而是依赖经验和人脉，依靠的是试喝时的感觉，普洱茶、名山茶、古树茶身份难辨仍困扰着很多茶商和消费者，"劣币驱逐良币"的现象时有发生。普洱茶地理标志的知识产权保护作用尚未得到充分体现。

二、行政管理

（一）申报管理方面

1. 名山茶企业联盟的组建

普洱各县茶企业对诚信联盟的认识有待进一步提高，积极主动性不强，加入联

---

① 鉴于称呼习惯和为了便于表述，本书中的"茶商"特指茶叶经销商。

盟的企业少，部分茶企业对诚信联盟持观望态度，推进诚信联盟组建和扩大规模的工作存在一定困难。因为普洱茶地理标志是一种公共资源，凡是普洱地区原产地范围内的符合条件的企业都可以申请使用，这就使得普洱茶地理标志面临"公地悲剧"①，即每个企业都想用，但都不愿付出精力去保护，长期以来普洱茶地理标志给茶企带来的利益有限，使茶企申请使用地理标志的意愿降低，从而也影响了企业加入茶业联盟的积极性。

2. 名山普洱茶品牌监控设施问题

名山普洱茶品牌监控中心面临扩容，否则无法承载各更多企业的端口接入。根据景迈山古茶林普洱茶品牌建设的需要，2016 年普洱市质监局建设了质量监控中心，当时系统设计的接入点数量仅仅针对景迈山的企业，因此是按照 25 家企业 100 个摄像头的存储容量和服务器承载规划的。自景迈山古茶林普洱茶成功推出后，普洱市又相继打造了普洱山、凤凰山普洱茶品牌。目前接入点为 11 家企业 51 个摄像头（45 个在室内、6 个在户外），四县的联盟企业接入，将需增加 13 家企业 52 个摄像头，共 103 个摄像头，已经超出当时的容量，需要对监控中心进行扩容升级。但 2018 年申报的经费一直未拨付到位，因此无法采购扩容设备，造成四县的联盟企业无法全部接入。（数据来源于普洱市茶叶和咖啡产业局 2018 年统计数据。）

3. 部分企业的普洱茶地理专用标志申报未获得通过

受国家相关政府机构改革的影响，自 2018 年 8 月以来，云南省质监局、国家知识产权局都暂不受理地理标志产品专用标志申请材料，因此云南省有 30 家茶企业地理标志产品专用标志申请未获得核准。特别是参与品牌联盟的 17 家联盟企业，都未获得专用标志使用权，极大地影响了茶企业联盟工作的推进。

4. 茶企业品牌打造的工作流程面临新的调整

近年来，国家市场监管部门正进行机构改革，政府职能发生根本转变，明确要"进一步减少评比达标、认定奖励、示范创建等活动""加快清理废除妨碍全国统一市场和公平竞争的各种规定和做法"等。2018 年 11 月 7 日，市场监管总局下发了《关于开展名牌评选认定活动清理工作的通知》（国市监〔2018〕208 号），要求减少政府对微观经济活动的直接干预，停止评选认定活动。2019 年 1 月 17 日，市

---

① Garrett Hardin. The Tragedy of the Commons. Science，1968，(162)：1243 - 1248.

场监管总局就"CCTV 国家品牌计划"涉嫌广告违法问题约谈中央广电总台，认为中央广电总台利用"国家"名义为企业品牌背书，涉嫌违反《广告法》《反不正当竞争法》《消费者权益保护法》等法律。鉴于国家市场监管总局的新要求，品牌打造的工作流程及方式需进行调整，新标志上不能再使用以政府、行政机关为其背书的专用标志，对各名山茶企业联盟工作的推进有一定影响。

5. 普洱茶名山品牌打造工作资金缺口大

国家普洱茶产品质量监督检验中心在四县诚信联盟企业标准制定过程中，已经投入资金 69.748 万元（其中：119 个批次样品检测费用 48.885 万元；17 个联盟企业标准评审备案费用 7.8 万元；实物标准样品制作费用 13.063 万元），因资金没有解决，现联盟企业标准的备案工作不能正常推进。普洱市质监局监控中心扩容所需资金 24.4 万元、数据专线费用 7.6 万元没有来源。由于经费未得到解决，名山品牌打造工作推进十分困难（数据来源于普洱市茶叶和咖啡产业局 2018 年统计数据）。

（二）行政监管不到位

根据相关法律规定，市场监督管理局负有对地理标志的使用和地理标志产品质量进行监管的责任。行政机关监管不力，也是导致普洱茶市场乱象的因素之一。行政机关监管不力的原因有很多，笔者认为，主要有两个。一是"不愿为"。这是由于理念造成的，很多政府和行政机关把申报地理标志的多少作为政绩，重申报，轻监管，如此理念从根本上造成其缺少主动监管的思想动力。二是"不敢为"。因为在行政执法实践中，很难去判断地理标志与合理利用产品地名，使用产品地名与地理标志是否会产生混淆，这些都需要极其专业的知识产权知识才能准确判断，故"本领恐慌"也会导致行政监管"想为不敢为"。

三、行业协会管理

（一）权利人维权积极性

根据《商标法》《商标法实施条例》《地理标志产品保护规定》等法律和行政法规、规章，拥有地理标志的权利人都是非营利性的社会团体法人和事业单位法人，大多是社会团体法人，它们对地理标志的经营不以营利为目的，没有合法、有效的激励机制，使得地理标志权利人维权积极性不高。

（二）地理标志的管理架构尚未形成

现有的社会团体法人发展还不成熟，地理标志保护的管理架构尚未形成，目前对地理标志保护最有力度的行业协会在任何一个县都未注册成功，主要是因为联盟二字注册不了。

（三）在经营、管理、人才、技术等方面存在欠缺

协会在经营、管理、人才、技术等方面存在欠缺，导致对使用地理标志的企业监管还不太严密和及时，获取侵权线索还存在诸多困难，且与地方政府、相关行政部门等国家机构之间的合作和制约机制还不太顺畅，欠缺相关方面的政策和法规，使得地理标志权利人"想干又不知怎么干"，相关行政部门"想管又不知管到什么程度"。

四、茶企业参与程度

自2016年起，为提升名山普洱茶的品牌价值，增进消费者对名山普洱茶的信任度，普洱市政府通过统一品牌、统一标准、统一检测、统一监控、统一标识"五个统一"，努力实现名山普洱茶从鲜叶到终端产品的一致性和打造具有普洱标识的茶叶品牌。这些普洱名山普洱茶以政府为引导、联盟为主体、市场为主导，以最具影响力、最有知名度的景迈山古茶林、困鹿山古茶园、凤凰窝古茶等为核心，把景迈山、宁洱县境内、墨江县等境内的栽培型古茶树和生态留养茶资源进行整合，形成了"景迈山古茶林""普洱山""凤凰山"3个名山普洱茶品牌。联盟企业标准中对3个品牌的原料来源进行了限定，执行统一标准。已获得普洱茶地理标志保护产品专用标志使用权的企业成立诚信联盟并制定诚信联盟章程，以最严格的标准保证了联盟产品的高质量。但茶企业积极主动性不强，参与程度不高，加入联盟的企业少，部分茶企业对诚信联盟持观望态度。主要原因有以下几方面。

第一，对诚信联盟的具体运作宣传不够，没有更多的实效展现给大家，吸引力不够。

很多茶企不清楚加入诚信联盟的具体运作方式，它们的茶通常是先预定、被订购再来生产，如果改为先生产一堆茶，然后需要自己去找销售渠道，就不太习惯。而且存在加入联盟后茶叶生产成本增加，是否影响到利润的疑虑。同时这些茶企认为做好茶品质就是茶企自身的本职工作，不需要别人来要求，走入市场，市场就是最好的评判者。

第二，诚信联盟需要大企业合作推进。诚信联盟要求原料要在当地加工，但大企业由于征地等各种原因往往无法实现在景迈山当地建立茶叶加工厂，进行茶叶加工。

第三，诚信联盟要求统一检测，统一监控。没有压饼就抽检一次，压好、包装好后还要抽检一次，都有监控指导。监控指导不做到全程监控，则难以保证监控到位。

第四，诚信联盟同时检测、抽检的时间需要十天半个月，往往导致企业出现资金周转困难的情况。

五、司法保护

普洱茶地理标志作为一种新型的知识产权，需要司法机关在打击地理标志侵权方面负起协同责任。司法机关是普洱茶地理标志保护的最后防线，公安、检察院、法院应从专业领域负起各自的责任。公安机关具有行政、司法双重性质，其应在侵害商标犯罪、危害食品安全犯罪等犯罪的线索侦查方面加大力度，加强和市场监督管理部门的协调配合。检察院在普洱茶地理标志保护方面，应加大行政公益诉讼的使用力度，对于行政机关不作为、慢作为的行为，及时发出检察建议和提起行政公益诉讼，督促行政机关积极作为。法院目前在云南省内审理的侵害普洱茶地理标志案件很少，如管辖普洱、西双版纳、临沧三个普洱茶主产区知识产权纠纷的普洱市中级人民法院，至今都还没有受理过普洱茶地理标志相关案件。[①] 但法院在普洱茶地理标志保护方面，也应有所作为，一是如果发生普洱茶地理标志侵权案件，在赔

---

① 参见陈录宁、肖玲燕《"绿色检察·普洱茶原产地生态保护与发展研讨会"成功举办》，https://m. thepaper. cn/newsDetail_ forward_ 3590160，最后访问日期：2019－06－01。

偿金额上，应加大对侵权人的惩罚力度，提高侵权人的违法成本。二是作为从事知识产权审判的专业机构，应针对茶企、茶商、消费者对普洱茶地理标志的相关认识误区，加强相关案例宣传，以案释法。如冒用带有地理标志证明商标标识的包装袋对散茶进行包装并销售的，构成制造、销售侵权商品双重侵权行为，茶商并不能因"善意销售"而免赔。① 再如被告对其产品来自原产地负有举证责任，而不适用"谁主张、谁举证"这一普通举证规则。②

第四节　普洱茶地理标志保护建议

普洱茶地理标志③是云南人的无形财富，如果这种无形财富被不良茶企和茶商肆意侵占、掠夺、破坏，就会浪费这种财富的存在价值，阻碍当地经济社会发展，也会影响到"乡村振兴"和"脱贫攻坚战"这些国家战略的顺利实施。因此加强普洱茶地理标志保护，是全社会的责任，政府、行政机关、行业协会、司法机关都有责任作出各自最大努力。

一、政府顶层设计

上层建筑反作用于经济基础。要改变普洱茶产区薄弱的经济基础，政府应在顶层设计方面担负起领导责任。之所以说政府担负领导责任，而且此责任最大，带有全局和根本性，理由是地理标志是某个区域的一种公共资源，根据法律规定，地理标志的申请，一般是由政府认定或选择的社会组织作为申请人，申请下来后，地理标志的推广使用、监督管理都需要政府参与，而且政府也是经济基础建设的主要责

---

① 参见陈录宁、肖玲燕《"绿色检察·普洱茶原产地生态保护与发展研讨会"成功举办》，https://m.thepaper.cn/newsDetail_ forward_ 3590160，最后访问日期：2019 - 06 - 01。

② 参见蒋惠岭《人民法院案例选》（2017 年第 1 辑总第 107 辑），人民法院出版社，2017 年版，第 201 页。

③ 本书所称"普洱茶地理标志"为普洱茶地理标志证明商标和普洱茶地理标志保护产品的统称和简称。

任人，因此，加强地理标志的保护，改变普洱茶产区薄弱的经济基础，首要的是政府责任。政府至少应从以下三方面做起。

（一）加大农业基础设施建设

为茶农改变落后的茶叶种植模式提供基础便利，培养大量的种茶专业技术人才，对茶农进行深入的技术指导和帮助。

（二）进一步给予茶企政策和资金支持

解决中小茶企融资难问题，改进茶叶加工技术，引进先进的标准化、自动化设备，注重对茶叶的深加工，研发新型茶叶产品，提高产品附加值，走差异化发展道路。

（三）培育大企业和大品牌

发挥大企业和大品牌的带动力，同时通过各种平台和渠道，宣传茶叶品牌，提升品牌的竞争力和影响力，只有这样，才能改变小、弱、散的品牌格局，减少低效率的同质化竞争。

二、行政机关组织监管

（一）提升地理标志权利人维权积极性以及理顺其与行政机关的关系，行政机关应负起直接责任

行业协会一般是地理标志的权利人。行政机关应进一步理顺与行业协会等社会组织的关系，加大对行业协会建设的扶持力度，培养行业协会的独立性，赋予行业协会一定的市场监管权力，同时建立一定的激励机制，激发地理标志权利人管理、运营、维护地理标志的积极性。

（二）行政机关负有通过行政手段维权的责任

行政维权最重要的保障就是监管要到位，力度要大，因为这既是行政机关的法定职责，也是其自然职责。一方面法律规定了行政机关的监管责任，另一方面地理标志是在有关行政机关的直接推动下申报下来的，行政机关自然而然地负有维护地理标志正常、高效使用的责任。市场监督管理局应对不当使用地理标志证明商标的当事人、伪造或冒用地理标志的当事人加大处罚力度，同时经常主动开展打击侵害普洱茶地理标志违法行为的专项行动，加大监管力度，不断提升执法人员的执法能力和水平，做到"愿为、能为"。

（三）继续推进名山名茶企业联盟和地理标志的申报工作

行政机关应强化普洱茶企业联盟建设的宣传工作，通过召开新闻发布会、制作宣传片、网络媒体推广等方式，多渠道、多平台推介"普洱市无量山普洱茶""普洱市千家寨普洱茶""普洱市景谷山普洱茶""普洱市江城号普洱茶"品牌。借云南省普洱茶地理标志申报成功的"东风"，鼓励各县根据各自的人文、自然环境和特色产品，继续申报新的地理标志，特别是针对名山名茶这一稀缺产品申报地理标志。普洱市正在推动品牌普洱茶联盟联合体，打造名山普洱茶品牌，并建立了严密的质量监管体系，确实提升了普洱茶品牌的价值，增加了消费者对名山名茶的信任度。这种做法当然是差异性竞争的有效手段，但在大力打造名山名茶品牌的同时，应注意名山名茶品牌的知识产权保护，要及时申请新的地理标志或证明商标，注意防范他人冒用名山名茶的原产地，加大对名山名茶的保护力度。

（四）支持普洱茶投资集团与联盟企业合作

完善标准宣贯、拓展市场、提供服务，组建普洱市名山普洱茶联盟营销体系，营销好名山普洱茶联盟产品；培育茶产业龙头企业，积极发挥普洱茶投资集团国企公信力优势，支持整合"七县八山"诚信联盟，鼓励集团与联盟企业平等协商，以合理价格收储联盟产品，积极探索创新互利互惠的发展模式，通过集团牵头，推动"普洱市名山普洱茶"联盟产品向国内国际市场拓展。

（五）修改专用标志

先前的名山普洱茶品牌联盟，由普洱市茶叶和咖啡产业发展中心、相关县区、市场监管局、国家普洱茶产品检测中心等相关部门背书，后根据相关法律的规定，不允许在产品上进行政府背书，国家市场监管总局提出新要求，要求相关部门名称不能印制在包装专用标贴上。后面发布的四县四山普洱茶品牌联盟在品牌打造过程中的专用标志要进行合理化变更调整，将名山普洱茶品牌由政府背书转变为市场化运营，专用标志上不再使用政府、行政机关等背书部门，因此专用标志须重新修改。

三、行业协会组织引导

第一，借鉴欧盟国家地理标志保护的监管经验，完善行业协会的建设，明确行业协会的有效行业管理、市场营销、交流协作、品牌维护等职责定位。以县为单位，分步实施注册名山普洱茶品牌行业协会工作，统一应对国内外市场。

第二，积极争取政策，吸引大企业、专家和技术人才进入协会，建立合理的组织进行生产经营决策和维护茶企的利益，使协会充分发挥应有的组织引导、沟通协调和监督管理作用。

第三，加大对茶企的引导宣传，让茶企掌握如何组织生产销售、如何看待成本和利润等，让更多的茶企看到加入联盟的实效，增强联盟的吸引力。

第四，建立联盟退出机制，约束组织成员的行为。充分发挥诚信联盟组织的自律能力，严格执行标准，监督指导联盟企业生产加工，提高企业组织化程度。

第五，在统一检测、统一监控过程中加入人力监控环节，保证监控到位。

第六，加快检测时间，解决企业资金周转困难问题。

四、企业积极参与

第一，茶企业要转变观念，增强知识产权保护意识，在生产销售上融入现代化方式。

第二，充分把握政府和行业协会给茶企的政策和资金支持，解决融资难问题，改进茶叶加工技术，引进先进的标准化、自动化设备，注重对茶叶的深加工，研发新型茶叶产品，提高产品附加值，走差异化发展道路。

第三，通过各种平台和渠道，宣传茶叶品牌，提升品牌的竞争力和影响力，改变小、弱、散的品牌格局。

五、司法保护

普洱茶地理标志作为一种新型的知识产权，需要专业性的机关介入保护，司法机关是最佳选择，其在打击地理标志侵权方面应负起协同责任。实行司法保护和行政执法"双轨制"，实现公法与私法保护的有效对接，科学合理地实现"以惩促保"，是当前我国知识产权保护的一大特色。

第一，加大执法力度，严厉打击知识产权领域的违法犯罪活动。知识产权司法和行政执法改革步入正轨，有效解决了分头管理和重复执法问题，要加大对知识产权侵权违法行为的惩治力度，正确把握"恶意"和"情节严重"要件。

第二，对于重复侵权、恶意侵权及有其他严重侵权情节的，依法加大赔偿力度，提高赔偿数额，努力营造不敢侵权、不愿侵权的法律氛围，有效威慑和遏制侵犯知识产权行为。

第三，对私法领域的侵权行为，要提高违法成本，保护合法经营主体的利益，营造良好的营商环境，推动普洱茶产业绿色发展。

第七章　普洱茶文化与古茶树资源立法保护

　　古茶树资源是一种自然资源，但对于古茶树资源的保护，特别是立法保护，应当考虑到古茶树保护和利用的文化传统，如此才能更好地保护古树茶资源。即古茶树资源成就了独特的普洱茶种茶、采茶、制茶、饮茶的茶文化，在保护古茶树资源的历史上，独特的茶文化起到了至关重要的作用。我们借助现有的法律法规，弘扬推崇有益的普洱茶文化活动，有助于文化结构的优化、完善，最终形成古茶树资源的保护、利用和文化之间的良性互动。如何把立法与文化相互契合，形成良性互动，最终实现古茶树资源的科学保护和利用，是一个社会学、经济学命题，也是一个民族文化继承和发展的命题。

第一节　普洱茶文化

　　文化说到底是精神力，它包括思想、理念、行为、风俗习惯、代表人物等。文化可以是物质的形态，也可以是制度规范，可以是具体行为方式，当然也可以是心态层面的，包括价值观念、审美情趣、思维方式。茶文化是中国文化的重要组成部分。普洱茶文化与其他茶文化相比有其鲜明的历史、民族和绿色的特征。

一、普洱茶文化的历史特征

　　普洱茶种植历史悠久。"据道光《普洱府志》'六茶山遗器'所载，早在 1700

多年前的三国时期，普洱府境内已开始种茶。"① 而最早在历史文献中记载普洱茶种植的人是唐代咸通三年（862 年）曾亲自到过云南南诏地的唐吏樊绰，他在其所著的《蛮书》卷七中云："茶出银生城界诸山，散收无采造法。蒙舍蛮以椒姜桂和烹而饮之。"② 据历史考证，南诏时"银生节度使"辖今天的普洱市和西双版纳州，银生是当今的普洱市景东县。由此可见，在一千多年前普洱市和西双版纳州已盛产茶叶。明朝万历年间的《滇略》记载："士庶所用，皆普茶也，蒸而成团。""普茶"即"普洱茶"。清雍正七年（1729 年）初置普洱（府）。因普洱府是当时茶叶贸易的集散地，所属茶山的茶叶大部分集中到普洱府，经过加工后销往内外，故称普洱茶。澜沧先富东乡邦崴村的 1 700 年过渡型茶树，镇源哀牢山中 2 700 年的茶树，澜沧县景迈上的万亩古茶园，都是普洱种植茶叶历史悠久的佐证。

二、普洱茶文化的民族特征

在茶文化当中，普洱茶文化之所以显得独树一帜，源于民族特色和地域特色。布朗族对茶的膜拜和尊崇，在云南尤其是普洱等茶产地和茶叶集散地，这种茶文化的影响体现在方方面面。据研究，澜沧江中游地带是世界茶树原产地的中心地带，布朗族先民是最早的茶农。布朗族先民最早发现茶，利用、推广茶，创造了茶文化。

据布朗族文史资料记载，"茶"是布朗族祖先在迁徙中发现的一种绿色食品。据老人讲，有一次，布朗族祖先在战争中遭遇到一次大流行病侵袭，整个族群的成员都患上了这种病。患者四肢无力，眼睛发黑，吃不了，走不动，全族人只好停下来在原地休息养病。在这绝望时刻，一位先人因疼痛难忍，无意间从身旁的树上摘下一片树叶放到嘴里含着，不一会儿，这位先人便迷迷糊糊地睡着了。待他醒来时，头脑清醒，眼睛明亮，精神振作。他马上把自己的感觉告诉首领帕哎冷和同胞。帕哎冷就问他："你的病是怎么好起来的呢？"他说："我自己也不清楚，我只记得我入睡前摘了一片叶子放到嘴里面含着，就慢慢睡着了，待醒来时就觉得病好

---

① 参见黄桂枢《中国普洱茶文化研究》，云南科技出版社 1994 年版，第 47 页。
② 参见黄桂枢《中国普洱茶文化研究》，云南科技出版社 1994 年版，第 48 页。

多了。"帕哎冷问他："你摘的是哪棵树上的叶子?"他就指着身边的那棵树说："就是我靠着睡的这棵树。"帕哎冷想："这是天意!"他马上叫醒在森林里奄奄一息的族人,让大家都来摘这棵树的叶子吃。果然,过了一两天,整个族群的人个个都觉得自己身上的病好多了,布朗族的先人们从死亡的边缘重新看到了生存的希望。这时,帕哎冷高兴地向所有的族人说:"就是这棵树在关键时刻救了我们的命,使得我们又看到了生存的希望,我们一定要认清其树形、叶子,永远铭记心中。"说罢便带领整个族群向这棵神树磕头。从那个时候起,这种树的叶子便成了布朗族先民神圣的药品了。① 随后在路上,只要再看到这种树,帕哎冷莫不叫人做下记号,记清位置。后来布朗族在景迈山、勐海、缅甸一带定居,帕哎冷便命人把沿途记下的神树全部寻来,移栽到部众聚居之地,并给这种植物取名叫腊,秧其苗籽,广为种植。在濮人后裔布朗族的传说中,对茶的崇拜来源于对天地自然的崇拜。布朗族至今保存着先民流传下来的原始的祭拜茶神的茶魂台,台上的四根柱子代表天地四方,上面的雕饰代表祖先的英灵,祖先拐杖上的两片叶子代表茶神树,加在一起代表的就是"天人合一,万物有灵"。所以布朗族的宗教和茶文化的信仰,反映的是万物有灵的自然崇拜的哲学思想。沧海桑田,白云悠悠。茶,小小的两片叶子承载了祖先的故事、民族的历史、子孙的期盼。布朗族每年春季在茶山开采和节庆之时(比如布朗族的山康节)都要举行盛大的祭典,拜茶王,祭茶祖,盛况空前,热闹非常,以此保持对茶祖的尊重和对茶神的感恩之情,这已形成传统,代代传承。因为敬畏,所以保护。这就是古茶园能够经历近两千年风风雨雨,还能留存至今的根本原因。

(三) 普洱茶文化的绿色特征

习近平总书记说过"绿水青山就是金山银山。"当前,我国经济的发展、社会的发展、文化的发展都必须建立在与生态环境和谐共存和不超过生态资源的承载能力的基础之上。切实保护和重建绿色生态环境应该成为我们振兴茶文化的一个重要工作。绿色发展的理念,体现的是一种可持续的经济发展模式。普洱人在长期种茶的历史进程中,形成了劳动生产、交易买卖、品评传播的一些特有的传统和理念,如种茶讲究自然条件、采茶区分季节、制茶讲究天然朴素等。

---

① 参见苏国文《芒景布朗族与茶》,云南民族出版社 2009 年版,第 9 页。

　　普洱布朗族、傣族、拉祜族的先民不仅种茶，还善于管理茶园。景迈、芒景、邦崴的古茶林里面都设有天然的防护线，茶园往往以一片原始森林依山梁形成防护带，防护带具有防火、防风、防洪、防冻的作用。原始茶园内不准栽种其他农作物，人们把茶园的山视为神山，把茶园的树视为神树，禁止砍伐，最终形成了今天古茶园独特的山林原始生态系统。

　　古茶山的先民在采茶方面同样具有一定的讲究：采茶的季节一般为春秋两季，夏冬不采，使得茶树在夏冬两季得以生息恢复。采茶的标准为一芽一叶，一芽两叶，或者一芽三叶，不过度采摘，使得采茶时茶树不至于被损害。并且一年两次清除杂草，注重茶树管理和保证肥料。

第二节　普洱茶文化的立法保护

一、普洱茶文化保护在《普洱市古茶树资源保护条例》中的体现

　　《普洱市古茶树资源保护条例》对茶文化保护的相关规定体现为以下内容：第四条"古茶树资源的保护、管理和开发利用应当遵循保护优先、管理科学、开发利用合理的原则，并兼顾文化传承和品牌培育的全面发展"。第八条"市人民政府可以按照国家规定设立普洱茶节，举办综合节庆活动，促进古茶树资源保护、管理和开发利用。鼓励公民、法人和其他组织参加普洱茶节节庆活动，开展古茶树资源保护宣传、茶产品交易、茶文化交流和相关学术研讨活动"。第二十条"市、县（区）文化、旅游、茶业等部门，应当挖掘、整理、传播茶文化，开发茶文化旅游，开展茶文化展示、宣传、推介和对外交流活动。鼓励公民、法人和其他组织依法成立各类茶文化促进组织，支持社会组织依法开展茶事、茶艺和茶文化展示、交流活动"。

二、普洱茶文化立法保护的困境

(一) 现代社会对传统文化的冲击

普洱古茶山大多是少数民族聚居区，包括了傣族、拉祜族、佤族、布朗族、哈尼族、彝族等多个少数民族，民风淳朴。但是由于当地的经济、文化教育发展相对滞后，老百姓大多数文化素质不高，很多现代的管理手段都还没有深入农村，尤其是山区的农村。传统的古茶文化还没有与现代的节奏吻合，急功近利的商业气息对普洱茶文化构成了冲击，加之社会管理、文化管理的缺失，导致传统茶文化日渐衰微，甚至出现了不利于古树茶资源保护和利用的倾向，这些都制约着古茶树资源的保护。如随着古茶的升值和古茶园的旅游开发，大量的人流进入茶山，当地老百姓对于外来不良影响缺乏抵抗能力，随着逐利性增强，过度采摘古茶树，对古茶山造成破坏，古茶制品出现以次充好、以假充真的现象。

同时，普洱古树茶资源稀缺以及普洱古树茶自身没有稳定的品控体系，没有稳定的价格体系，没有稳定的分类标准等原因，导致普洱茶被市场过度吹捧、炒作之风盛行，滥采古茶树，古茶产品以假乱真，"天价"普洱茶等乱象频出，制约着古茶树资源的保护。

(二) 受立法技术所限，《条例》中有关茶文化的保护内容不全面，操作性不强

《普洱市古茶树资源保护条例》第三条确定："古茶树资源是指古茶树，以及由古茶树和其他物种、环境形成的古茶园、古茶林、野生茶树群落等。"第四条"古茶树资源的保护、管理和开发利用应当遵循保护优先、管理科学、开发利用合理的原则，并兼顾文化传承和品牌培育的全面发展"已经把古茶树资源的人文资源保护框架列入其中，同时在第八条中规定了设立普洱茶节，举办综合节庆活动，促进古茶树资源保护、管理和开发利用，鼓励公民、法人和其他组织参加普洱茶节节庆活动，开展古茶树资源保护宣传、茶产品交易、茶文化交流和相关学术研讨活动。第二十条规定了市、县（区）文化、旅游、茶业等部门应当挖掘、整理、传播茶文化，开发茶文化旅游，开展茶文化展示、宣传、推介和对外交流活动。并鼓励

公民、法人和其他组织依法成立各类茶文化促进组织，支持社会组织依法开展茶事、茶艺和茶文化展示、交流活动等。

（三）少数民族传统茶文化的整理亟待加强

布朗族、傣族、哈尼族、拉祜族、彝族等民族世代种茶，他们拥有很好的传统文化及生产生活经验，包含了栽培、管理、制作茶叶的经验和品饮文化，只是因为文化落后而一直未能经过科学的论证和梳理，形成科学理性的系统模式。

云南省布朗族非物质文化传承人苏国文老师认为景迈山的民族文化有自己丰富多彩的特点。虽然文化艺术加工少，文字记载不多，但是经口耳相传，人们脑子里面保留着很多很丰富很神奇的传统文化，包括布朗族的节日、舞蹈、歌谣、传说及各种经书等等，这些都是珍贵的茶文化遗产，应当整理保护。

普洱景迈山奉祖家园贡茗茶源茶业有限公司负责人，第十一届"全国农村青年致富带头人"仙贡也认为要把普洱茶做好，就是要将民族文化作为情感基础，才会有好的产品的推广。没有文化底蕴的支撑，为了卖产品而做产品出来，心里对茶的感受就表达不出来。她认为目前迈山的少数民族群众，对景迈山的文化认知其实还是有点薄弱，应该在幼儿园的时期就植入少数民族茶文化教育，将本土文化、茶的文化教给小孩子。同时村委会应组织收集整理民族茶文化资料。

三、普洱茶文化的立法保护

（一）充分利用《普洱市古茶树资源保护条例》实施细则制定的良机，充实完善茶文化保护内容

1. 传统制茶工艺和茶马文化的立法保护

传统制茶工艺和茶马文化的立法保护主要指将传统制茶工艺，集中反映茶马文化的建筑、服饰、器皿、用具等的保护列入立法保护内容。具体包括制定并组织实施传统制茶工艺，集中反映茶马文化的建筑、服饰、器皿、用具等的保护规划；组织开展传统制茶工艺，集中反映茶马文化的建筑、服饰、器皿、用具等的调查、认定、记录并建立档案；组织评审、推荐集中反映茶马文化的建筑、服饰、器皿、用具等的保护项目和认定传统制茶工艺代表性传承人；组织开展传统制茶工艺，集中

反映茶马文化的建筑、服饰、器皿、用具等的保护宣传活动；开展对传统制茶工艺与集中反映茶马文化的建筑、服饰、器皿、用具等的一系列保护工作。鼓励和支持公民、法人和其他组织参与传统制茶工艺，集中反映茶马文化的建筑、服饰、器皿、用具等的保护工作，并对做出显著成绩的单位和个人给予表彰和奖励；建立行政区域内的传统制茶工艺及传承人名录和集中反映茶马文化的建筑、服饰、器皿、用具等保护名录；对符合非物质文化遗产申报标准的传统制茶工艺和集中反映茶马文化的建筑、服饰、器皿、用具等推荐申报；建立传统制茶工艺传习馆（传习所）、制茶工艺和茶马文化专题博物馆以及数据库，鼓励公民、法人和其他组织依法设立专题博物馆，开设传习馆（传习所），用于传统制茶工艺和茶马文化的宣传、展示、传承和保存等等。

2. 茶马古道风景资源的立法保护

茶马古道风景资源的立法保护指将反映茶马文化的风景区保护列入立法保护内容。编制茶马古道风景区规划，组织对行政区域内的茶马古道风景资源进行普查，确定资源状况、特点及价值。编制报告和资源名录，设置风景名胜区管理机构，负责风景区的保护、利用和统一管理工作。鼓励社会各界按照茶马古道风景区规划，参与风景资源的保护和利用，引导民间资本投入风景区的开发和建设等等。

3. 古茶品牌和古茶产品立法保护

古茶品牌和古茶产品立法保护是指将古茶产品尤其是名山茶品列入立法保护内容。编制古茶品牌名录，制定古茶生产标准，明确产品工艺流程和产品质量标准，推进古茶产品生产标准化。鼓励和支持古茶产品技艺项目的制作工艺代表性传承人采取收徒、开办大师工作室等方式，开展传承、传播活动。鼓励和支持新闻媒体、古茶产品生产经营者和社会各界宣传古茶文化，提升古茶品牌及产品知名度，维护古茶产品形象。鼓励和扶持普洱古茶生产者对传统制茶技艺进行保护、发掘、整理，培养传统制茶技艺人才。鼓励和支持社会资金投资普洱古茶产业；加大财政资金对普洱古茶生产者在技术改造、科技创新、节能减排、品牌创建、环境保护等方面的支持力度。

（二）发挥民族自治地区制定自治条例的自治性优势，立法保护普洱茶文化

现代立法，就是要立足传统，继承和发扬我们多民族国家和地区民族传统中优秀的思想和文化，正确处理好国家法律和民族习惯的关系，把我们的古茶山建设成

为既文明有序，又不失民族传统和自然生态环境的现代幸福之地。普洱茶文化在古茶树资源保护中曾经起到了极其重要的作用，同时还将发挥重要的作用。我们应该借立法的良机，利用法律的强制力和规范力，保护、强化和促进有益文化的传承和发展，形成对古茶树资源的保护和科学利用。在立法保护方面，重视茶文化，使古茶树保护与采茶、制茶工艺的传统习俗文化、古茶景观、古茶品牌相契合，只有这样，才能使立法更为科学，也更易于实施。

《普洱市古茶树资源保护条例》在颁布施行后，其实施细则即将制定，而普洱市所辖九县为民族自治县，古茶树集中的地方多为民族区域自治县，应当充分发挥自治条例自治性，在《云南省澜沧拉祜族自治县景迈山保护条例》《云南省澜沧拉祜族自治县古茶树保护条例》《云南省澜沧拉祜族自治县景迈山保护条例实施办法》基础上，制定一批富有特色、操作性强，包含古茶树自然资源和人文资源的法律规则，保护普洱茶文化，从而实现古茶树资源的保护。

（三）授予村民自治组织一定的权限，发挥基层组织作用，保证法律的贯彻落实

澜沧古茶有限公司董事长、"全球普洱茶十大杰出人物"、普洱茶传承工艺大师杜春峄在谈到古茶树资源保护问题时认为："保护古茶树资源最管得住的还是村规民约，村规民约是力度很大的，要把这个古茶树的保护条例和村规民约紧密地结合在一起。执法的主体应该给村公所，村公所是负责任的，如果村公所不负责任，农户就会有意见，他们就会马上调整。"法律的生命在于实施，否则法律只是一纸空文。立法保护古茶文化只是解决了有法可依的问题，真正要做好普洱茶文化的发展，就一定要把法律贯彻到实际生活中。古茶树的生长环境和普洱多民族地区的特色，使充分依靠村一级组织行使执法权显得更为扎实有效。因此，只有采取一定的授权方式，才能将科学的地方立法付诸实践，保护好茶文化，从而保护古茶树资源。

第八章　普洱景迈山古茶林申遗与法规政策

作为准备申报世界文化遗产的项目，景迈山古茶林以古茶树资源为载体，不仅仅体现为自然资源，还形成了独特的历史资源和文化资源，其文化遗产属性表现在两个方面：第一，景迈山古茶园是在野生古茶树资源的基础上形成的茶园，是千百年来经过数十代人的辛勤劳动才形成的茶园，其凝聚了劳动人民的血汗；第二，景迈山古茶林不仅仅包含茶林，还包括历史遗留的村寨以及文化等，其是景迈山地区人民千百年来与自然和谐相处、共同发展的见证。我们要将景迈山古茶林独特的文化特性进行提炼，以现代手段进行文化宣传，使景迈山古茶林的文化特性得到充分的发扬，展现在世界人民面前，将普洱文化向世界推广，加快普洱文化对外的融合。现在在法律的规制和促进作用下，普洱景迈山古茶林申报世界文化遗产工作正在有序开展中。

第一节　普洱景迈山古茶林申遗概况

一、普洱景迈山遗产

普洱景迈山古茶林是迄今为止发现的全世界年代最久远、连片面积最大、保存最完好的人工栽培型古茶园，有超过 2.8 万亩的古茶树。它孕育了普洱文化，如今通过申遗正在被发扬光大。

普洱市澜沧县景迈山芒景村的最后一个布朗族王子的直系后裔、少数民族学者、云南省非物质文化遗产布朗族习俗传承人苏国文在谈到景迈山遗产保护时认为："首先要搞清楚到底我们的遗产是什么东西，我自己的想法是我们的遗产应该是主要由四个方面组成：第一块遗产就是目前保留的这些完整的生态系统，现在全世界都在追求这种生活环境，但是我们现在很难再做出来，甚至也难把它保护下来。完整的生态系统在我们这里，如果从历史上来看，纵向比较我们已经破坏了很多很多；如果是横向比较跟其他地方比较就比较容易，相对来说我们就比较好，有山，有水，有各种各样的资源，自古以来布朗人信仰万物有灵，一直坚持人与自然和谐共存的理念，凡是布朗人居住的地方，都保留着一个比较完整的生态系统，有万木丛林，有千花万草，有山有水，有各种各样的野生动物。这个应该是我们的第一块遗产，我们要保住的第一块遗产应该是这个。第二块遗产应该是什么呢？作为我来讲应该是古茶林，古茶林到处都有，但是这样面积连得这么大，历史文化比较清楚的也就是独独这一块了。全世界也就是只有这一块了，这个也要保护，那么这个古茶林保护应该放在第二块，这个就是第二块遗产了。第三块遗产就是我们的民族文化，现在我们的民族文化有它自己的丰富多彩的特点。虽然我们文化艺术加工少，文字记载不多，但是部族口耳相传，人们脑子里面保留很多很丰富很神奇的传统文化，包括我们的节日，我们的丧葬、喜事等各种传统，我们的舞蹈，我们的歌谣，我们的一些传说，各种经书等等，这些摆在第三块遗产。第四块遗产就是我们保留的这些民族建筑风格。所以我认为这四大块组成了这个景迈山遗产的整体框架，我们保护的时候也要按这个程序来，不能颠倒，不能只去保护一方面的东西，而把其他的丢掉，这样不现实，这是一个整体。"

二、普洱景迈山古茶林申遗概况

2009 年，景迈山启动国家"第七批文物保护单位"申请，2010 年 6 月普洱市启动普洱景迈山古茶林申报世界文化遗产系列工作，健全了申遗机构，高位推动保护管理工作。成立了景迈山古茶林申遗工作协调小组，成立了正处级的景迈山古茶林保护管理局。澜沧县成立了文化遗产保护中心、森林公安景迈芒景古茶林派出所、景迈山古茶林保护巡回检察室等管理机构，全力推动景迈山申遗及保护管理工作。2017 年 10 月，云南省文化厅成立景迈山古茶林申遗工作领导小组，确保申遗各项工作的顺利推进落实。通过几年不懈努力，景迈山古茶林保护管理工作成效逐渐显现，申遗工作取得了重要阶段性成果。2013 年，普洱景迈山古茶林被国务院公布为第七批全国重点文物保护单位，这是第一次出现古茶林成为"国保"单列的文物保护单位，意味着古茶林拿到了申请世界遗产的入场券。2019 年 8 月 2 日，云南省文物局在北京组织召开了景迈山古茶林申遗文本专家论证会，普洱所做的基础工作和提交的申遗文本得到专家的充分肯定，景迈山古茶林有希望成为 2021 年中国申报世界遗产推荐项目。

三、普洱景迈山古茶林申遗内容

2014 年，普洱市正式启动了景迈山古茶林的申遗程序，申报的是文化景观类遗产。世界遗产分为自然遗产、文化遗产、自然遗产与文化遗产混合体（即双重遗产）、文化景观以及非物质遗产等 5 类。文化景观是指被联合国教科文组织和世界遗产委员会确认的人类罕见的、目前无法替代的文化景观，是全人类公认的具有突出意义和普遍价值的"自然和人类的共同作品"，景迈山的申遗主要有古茶林和传统建筑两大类申遗工作。古茶林主要是景迈山三大片古茶林。即景迈片区、糯岗片区、芒景片区。景迈山上 14 个自然村为传统村落，传统建筑翁基、糯岗、芒景上寨、芒景下寨、芒洪已列入第一、二批"国保""省保"集中成片传统村落。5 栋宗教建筑也被认定为文物，分别是位于芒景村芒洪村民小组的清代建筑——芒洪八角塔、景迈村建于 20 世纪 90 年代的景迈大寨老佛殿、景迈大寨建于民国初年的景迈大寨塔亭、景迈村糯岗村民小组建于民国初年的老佛殿、景迈村勐本村民小组建于 20 世纪 90 年代的勐本大金塔。目前遗产展示主要包括景迈山三大片区古茶林（1231 公顷）及其生态系统，传统村寨、传统民居、宗教建筑、遗迹遗存、古树名木、农田、林地等乡村文化景观，景迈茶山的普洱茶文化，景迈古茶园原住民民族发展史、民族节日庆典、传统祭祀风俗、民族服装、当地特色饮食等民族文化内容。

第二节　普洱景迈山古茶林申遗法规政策

法律是由国家制定或认可并以国家强制力保证实施的规范体系的总称。法律是伴随着国家的出现而出现的，现代法律则是人民意志和理性通过立法技术展现的。为保护景迈山古茶林，普洱市出台了《普洱市古茶树资源保护条例》《澜沧县拉祜族自治县古茶树保护规定》《云南省澜沧拉祜族自治县古茶树保护条例》《云南省澜沧拉祜族自治县景迈山保护条例》《云南省澜沧拉祜族自治县景迈山保护条例实施办法》等10余个专门的法规文件，加上相关各地村规民约的制定实施，使保护景迈山古茶林走上了法制化轨道。

一、古茶林的保护

2009年2月《云南省澜沧拉祜族自治县古茶树保护条例》确定了古茶树的保护范围，执法主体，管理资金，技术服务和禁止行为，奖励与惩罚等，首次以法规方式确立了对古茶林的保护。

澜沧拉祜族自治县2013年12月《澜沧拉祜族自治县人大常委会关于景迈山保护的决定》、2015年2月《云南省澜沧拉祜族自治县景迈山保护条例》、2017年9月《云南省澜沧拉祜族自治县景迈山保护条例实施办法》系列法规政策的出台促进了遗产区实施退耕还林，生态恢复造林，生态茶园建设。景迈山对原台地茶进行生态化改造，营造生物多样性的生态环境。

2017年12月《普洱市古茶树资源保护条例》的实施标志着普洱市古茶树资源的保护步入规范化、法治化轨道，标志着治茶有法可依。

2019年7月，为切实加强景迈山古茶林保护区内的保护和管理，普洱景迈山古茶林保护管理局发布了《澜沧拉祜族自治县人民政府、普洱景迈山古茶林保护管理局关于对景迈山古茶林保护区实施临时管控措施的通告》，决定于通告施行之日起至2021年12月31日在景迈山古茶林保护区范围内实施临时管控措施。确定了遗产区和缓冲区，外来车辆和外来人员的管理，古茶树管养技术培训，古茶树的夏茶留养和采养方式。严禁任何单位和个人以公开竞拍或认养谋利等方式过度炒作景迈山古树单株茶叶等系列有效措施。

二、古村落的保护

除了古茶林，景迈山的传统村落也是最珍贵的文化遗产之一。2009 年 7 月《澜沧拉祜族自治县人大常委会关于保护景迈芒景古村落的决定》首次确立了景迈、芒景古村落的保护范围、内容、保护机构、保护职责、保护方式等。

2012 年 1 月《云南省澜沧拉祜族自治县民族民间传统文化保护条例》以法律形式明确了古村落的保护与管理，开发与利用，认定与传承和相关法律责任。

2016 年 3 月普洱景迈山古茶林申报世界文化遗产工作领导小组办公室以普申遗办〔2016〕1 号文《普洱市申遗办关于进一步明确普洱景迈山古茶林申报世界文化遗产工作职责的通知》明确了普洱市申遗办的工作职责和澜沧县的工作职责。2017 年 3 月中共普洱市委办公室、普洱市人民政府办公室联合以普办通〔2017〕9 号文《中共普洱市委办公室、普洱市人民政府办公室关于进一步加强景迈山古茶林和传统村落保护管理工作的通知》明确了景迈山古茶林和传统村落保护管理工作的重要性和紧迫性，保护管理工作的指导思想和目标任务，保护管理工作的原则和重点，保护管理工作的保障措施等，助力景迈山传统村落的保护。把传统村寨、传统民居、宗教建筑、遗迹遗存、古树名木、农田、林地等乡村文化景观纳入保护范围，促进了景迈山的民居和环境的综合整治。

三、村规民约

在国家和法律产生之前，人类社会的规范靠民族传统和民族习惯来维系，这就是通常所说的民族习惯法。社会步入了现代文明社会，但我们的生活环境和自然环境并没有发生绝对的变化，所以民族习惯法并没有消失，在现代社会的许多地方，约定俗成的村规民约和民族传统同样还约束着我们的行为，导引着我们民族地区的日常生活和认知。尤其在少数民族地区法律现实中，往往存在现代法律和少数民族习惯法两套社会规范体系同时运行的情况，现代法律和民族习惯法之间，既有相互之间矛盾的一面，又有相互协调，互为补充，调整和谐少数民族地区社会关系、经济关系，解决纠纷，化解矛盾，保护生态资源的一面。二者不可或缺，同样意义重大。

2007 年 2 月芒景村民委员会根据《中华人民共和国森林法》《澜沧拉祜族自治县人大常委会关于保护景迈芒景古茶园的决定》制定了《芒景村保护利用古茶园公约》，内容有 10 条，号召村民要像爱护眼睛一样爱护古茶园。提出科学管理茶园、合理采摘古茶叶，严禁将台地茶冒充古茶，严禁外面的鲜叶流进村，出售古茶干茶前由村民委员会、古茶保护协会出具证明后方能出售、外运，同时规定了对违规行为相应的罚金和举报奖励等切实可行的措施。目前在关键路口自发设立关卡，禁止外面的茶叶运入景迈山，对维护景迈古茶的声誉起到了显著的成效。

2012 年 3 月景迈村委员会为加强茶叶的市场管理，经过全村干部、厂家、茶叶专业合作社会议讨论，制定了《景迈村茶叶市场管理公约》，内容有 8 条，规定鲜叶、毛茶的流通范围是景迈八个村民小组和芒景村，严禁对外进行鲜叶、毛茶流通、严格控制和堵住外地鲜叶、毛茶对村内的销售渠道，严禁在古茶园、生态改造区施化肥、农药，同时规定了对违规行为的罚金和举报奖励等措施，从村级层面提出了具体的保护措施。

第九章　古茶树资源保护立法的完善

　　良法所以称为良法，本身固需良，其实施也是关键。当前，《普洱市古茶树资源保护条例》（以下简称《条例》）虽然已经出台，但绝非一蹴而就，唯有审慎对比现实需求和立法之要义，方是长远之计。观现今之条例，既有立法技术上的问题，也有法律实施的后续具体操作问题，即制定实施细则的问题。当前的《普洱市古茶树资源保护条例》虽然经过了详细的论证，更兼顾了各个方面的意见和建议，但是由于尚未上升到国家立法的层面，其本身具有先天性的缺憾，同时，从颁布后的初步实施情况看，还存在许多问题，就深化和完善而言，制定更为科学合理的实施细则应当是不二之选。

第一节　古茶树资源保护条例自身存在的问题

一、《普洱市古茶树资源保护条例》出台的困境和选择

（一）条例名称的确定

　　《中华人民共和国立法法》授予设区的市可以对城乡建设与管理、环境保护、历史文化保护等方面的事项制定地方性法规。普洱市的立法计划是"古茶资源保护条例"，古茶资源立法内容应包括村庄规划、茶历史文化遗迹保护、资源环境的保护内容。在起草过程中发现《临沧市古茶树保护条例》《云南省西双版纳傣族自治州古茶树保护条例》《云南省双江拉祜族布朗族傣族自治县古茶树保护管理条例》

以及普洱市澜沧县制定的《云南省澜沧拉祜族自治县古茶树保护条例》几个条例的保护对象均重在"古茶树",而非"古茶资源"保护。而"古茶资源"内涵极为丰富,涵盖野生型茶树及其群落,过渡型茶树,树龄在一百年以上的栽培型茶树,由古茶树与其他物种和环境形成的古茶园、古茶产品与品牌、传统制茶工艺、古茶历史文化遗迹及其他需要保护的古茶文化,行政管理体制涉及林业、农业、文化、住建、环保、工商、质监等部门。因此"资源"的内涵广、外延大,立法技术难度较大。随着审改工作的不断深入,在专家建议下,古茶资源中加"树"更为妥当,最终将《普洱市古茶资源保护条例》改为《普洱市古茶树资源保护条例》,较古茶资源保护缩小了一定的范围,降低了一定的立法技术难度。

(二) 古茶树资源概念定义的确定

《普洱市古茶树资源保护条例》第三条明确了古茶树资源的概念:"本条例所保护的古茶树指普洱市行政区域内的野生型茶树,过渡型古茶树,树龄在一百年以上的栽培型茶树;古茶树资源是指栽培型、过渡型、野生型和野生近缘型古茶树,以及由古茶树与其他物种和环境形成的古茶园和野生茶树群落等;栽培型古茶树由市林业行政部门组织专家鉴定后予以确认并向社会公布,也可以由所有者向市林业行政部门提出申请后进行认定。"这个概念得出的依据是《分布于云南省境内的国家珍贵树种名录(第一批)》,野茶树属于二级珍贵树种,不分树龄大小,均应当纳入保护;《城市古树名木保护管理办法》对树龄在一百年以上的树木定名为古树。而普洱种茶历史悠久,百年以上古茶树较多,故将过渡型古茶树、树龄百年以上的栽培茶树及等都作为《条例》的保护对象。

专家对茶树树龄的界定仍存在争议,即截至目前还没有科学准确的界定计算方法,通常是根据记载、传说或推测。据虞富莲编著的《中国古茶树》中对将古茶树定义为"通常将生长或栽培百年左右的茶树统称为古茶树",经专家论证和征求意见认为《省政府办公厅关于加强古茶树资源保护管理的通知》(云政办发〔2005〕94 号)已将茶树资源定义为"古茶树资源包括栽培型、过渡型、野生型和野生近缘型古茶树,以及由古茶树与其他物种和环境形成的古茶园和野生茶树群落",因此,《普洱市古茶树资源保护条例》对古茶树资源的定义,吸收了《中国古茶树》及省政府办〔2005〕94 号《通知》的表述。同时,历史文化和古茶品牌等因限于立法技术和省级专家的意见,只在分则中作点缀处理,如《普洱市古茶树资源保护条例》第十八条、十九条、二十条。

（三）执法主体的确定

《条例》起草时考虑到普洱市设有专门的茶叶产业管理机构，市级设有茶叶和咖啡产业局，县级设有茶叶和特色生物产业局，茶叶行政管理部门是古茶树资源的主要管理部门，因此，应当负责宏观行政管理，同时，《条例》也授予其一定的具体行政权，如行政确认权。但我们在调研过程中发现，林业行政部门和农业部门的管理职责职能清晰，分部门管理具有很好的基础，不需再行调整。同时，根据《中华人民共和国森林法》的规定：明确林业部门为主要保护主体，其通过省政府批准实行相对集中处罚权，仅能行使集中的部分，未集中的和新立法取得的执法权不能直接变换主体。因此，未采纳林业部门提出的直接将执法权交由森林公安行使的建议。

由于保护还涉及财政、发展改革、国土资源、规划住建、环境保护等行政部门，因此，《条例》规定各行政部门根据相关法律法规规定履行各自职责范围内的保护义务。《条例》第六条"市、县（区）林业行政部门统一负责古茶树资源的保护、管理、开发利用工作。市、县（区）农业、茶业、发展改革、公安、财政、国土资源、环境保护、住房城乡建设、文化、旅游、市场监管等部门按照各自职责做好古茶树资源保护工作。乡（镇）人民政府依法做好本行政区域内古茶树资源保护工作"是根据部门职能职责，借鉴贵州省、西双版纳州等地的古茶树保护条例，对古茶树资源管理执法主体作出的明确规定，同时根据执法主体资格确定各部门的监督管理职能。林业行政主管部门对破坏古茶树资源的行为实施处罚，包括移动、破坏古茶树保护标志及非法采伐、采挖、移植、运输古茶树，伐树采摘等行为；农业行政主管部门对危害古茶树生长的行为实施处罚，包括使用危害栽培型古茶树品质的农药化肥、生长调节剂，对古茶树进行台刈等行为。但在调研过程中发现，林业行政部门和农业部门的管理职责职能清晰，分部门管理具有很好的基础，不需再行调整。同时，根据《中华人民共和国森林法》的规定：明确林业部门为主要保护主体，其通过省政府批准实行相对集中处罚权，仅能行使集中的部分，未集中的和新立法取得的执法权不能直接变换主体。由于保护还涉及财政、发展改革、国土资源、规划住建、环境保护等行政部门，因此，规定各行政部门根据相关法律法规规定履行各自职责范围内的保护义务。

（四）茶节的设立

每年 4 月是普洱市世居的 14 个民族举行传统祭茶祖活动的期间，也是一年中重要茶事活动期间。2013 年 4 月国际茶叶委员会因此认定普洱为"世界茶源"。《条例》起草时将每年 4 月 18 日定为世界茶源日和中国普洱茶节，有利于助推茶产业的发展，又凸显普洱特色。

但是放假属于法律优先和法律保留事项，地方立法不宜规定假日和放假。另外，中国普洱茶节自 1993 年举办第一届，至今共举办了十五届。1993 年至 2009 年，每两年举办一次，2011 年、2012 年每年举办一次，2013 年至 2017 年两年举办一次。在调研过程中，不少群众和社会人士建议：固定茶节的举办时间、地点、位置、场所，有利于形成记忆，固化并扩大影响，方便茶人、宾客自行安排时间在世界茶源日和中国普洱茶节参加活动的要求，并建议茶节应每年举办一次。但是，每一年举行一次节庆活动，没有专门工作机构，抽人办会，不利于总结经验，而两年举办一次活动近几年已形成了惯例，并且茶节也因两办《通知》规定，只能作政府义务表述。

二、《普洱市古茶树资源保护条例》自身存在的问题

当前的《条例》虽然经过了详细的论证，更兼顾了各个方面的意见和建议，但由于法律本身的滞后性和不周延性的特点无法避免先天的缺憾，同时由于立法技术、现实中的行政管理体制以及法律责任的追究实效问题导致其法律本身具有问题。表现为以下几个方面。

（一）因立法技术所限的立法缺陷

第一，由于立法技术所限，《普洱市古茶树资源保护条例》中"资源"本身所涉及的由古茶树与其他物种和环境形成的古茶园、古茶产品与品牌、传统制茶工艺、古茶历史文化遗迹及其他需要保护的古茶文化内涵广、外延大，同时涉及行政管理体制中的林业、农业、文化、住建、环保、工商、质监等较多部门，因此条例最终选择缩小范围，从古茶资源保护更改为古茶树资源保护，保护范围存在缺陷。

第二，《普洱市古茶树资源保护条例》对古茶树资源保护的参与人，包括所有

者、经营者、管理者的管护责任未进行规定，导致古茶树资源保护中责权利问题不够明晰，易导致管理中责任不明。

（二）因行政管理体制问题导致的问题

《普洱市古茶树资源保护条例》第六条规定了市、县（区）林业行政部门负责古茶树资源的保护、管理、开发利用工作，同时也规定了农业等各行政机关职责。职责划分在理论上可行，但在实际运行中林业部门鉴于与其他工作部门没有管辖关系，统筹协调职责很难进行。而在具体运行中也可能因为各相关部门人员变动等的因素导致古茶树资源保护统筹协调工作无法真正贯彻执行。同时，普洱设有专门的茶叶产业管理机构，市级、县级均设有茶叶和特色生物产业局，因此，应当赋予其行政规划、行政指导等抽象行政权。让它负责古茶树资源的宏观行政管理，开展古茶树资源统筹与协调工作。但在《普洱市古茶树资源保护条例》中却把它与其他部门职能放在一个平台上，未能突出它本身具有的专业化管理的职能职责。

（三）法律责任的问题

第一，《普洱市古茶树资源保护条例》惩罚力度不强。《普洱市古茶树资源保护条例》第二十七条规定："擅自采伐、损毁、移植古茶树或者其他林木、植被的，处罚为没收违法所得，涉及古茶树的，每株并处6 000元以上3万元以下罚款。"相比《贵州省古茶树保护条例》同类情况并处5万元以上10万元以下罚款显得惩罚力度不够，不足以震慑违法者。

第二，《普洱市古茶树资源保护条例》只规定了市、县（区）林业、农业、茶业等部门及其工作人员违反本条例规定，不履行法定职责的法律责任，遗漏了古茶树资源鉴定评估人员在评估中的弄虚作假行为的法律责任。

第三，法律责任在表述上过于省略，如违反本条例第十四条第二款规定的，由县（区）林业行政部门责令停止违法行为，并处200元以上1 000元以下罚款。没有重复一下禁止行为，不便使禁止行为与法律责任对应。

第二节　《普洱市古茶树资源保护条例》实施存在的问题

《普洱市古茶树资源保护条例》的实施不仅依赖于法律的设计，更依赖于法律的实施。法律的实施在于守法、执法、司法等三个环节，其中最为基础的是守法，核心的是政府部门的职责定位和执法行为，最后一道防线司法是根本保障和指引。这里主要讨论守法和执法的问题。

一、立法实施效果评价

2018 年，经云南省人大备案批准，《普洱市古茶树资源保护条例》正式颁布实施，标志着普洱市古茶树资源的保护的规范化、法治化，标志着普洱古茶树资源保护与利用有法可依。在《条例》出台实施过程中，我们从不同评价主体、不同评价方向发现《条例》成功制定的方面以及不足之处。对它们进行总结，有助于我们在今后古茶树资源保护工作中，利用实施细则弥补立法的不足，同时也便于为今后的立法工作提供有益的借鉴。下面我们从不同层面对立法实施效果进行评价。

（一）政府层面

在 2018 年 8 月取得地方立法权后，普洱市立即开展了立法规划工作，规划中将《普洱市古茶树资源保护条例》的调研起草工作放在了各项立法工作的首位，普洱市政府也专门成立了立法工作组，依托专业院校、学者、律师等具有专业知识和技术的人员，走访对古茶树资源有管理职能的部门和对古茶树资源享有所有权的权利人，严格按照立法程序开展工作，充分尊重各方意见，进行充分的调研和反复、深入的研究，最终顺利制定并颁布施行《普洱市古茶树资源保护条例》。对于《普洱市古茶树资源保护条例》来讲，普洱市政府既是制定的主体，也是执行的第一主体，其对《普洱市古茶树资源保护条例》的评价是一种源头性的评价，也是一种后期实施的权力主体评价。

根据调研，目前的情况是古茶树资源保护的宣传未完全到位，行政执法主体未完全履职。虽然《普洱市古茶树资源保护条例》顺利制定并颁布实施，但在《普洱市古茶树资源保护条例》的实际操作过程中却出现了《普洱市古茶树资源保护条例》不能很好执行的情况。在《普洱市古茶树资源保护条例》的执行过程中，首先要面对的问题就是行政人员对《普洱市古茶树资源保护条例》的理解不够充分，在行政执法上容易采用"一刀切"或放任的方式，在行政处罚上也容易产生畏难情绪，从而导致《普洱市古茶树资源保护条例》不能很好地得到贯彻落实。因此，《条例》的颁布实施，应得到各级相关政府的重视，无论是从配套的文件，还是相关的政策宣传和督导，各级相关政府均坚持绿色发展理念，将《普洱市古茶树资源保护条例》视为坚持绿色发展的坚实基础，通过逐级压实责任，逐级强化管理，使《普洱市古茶树资源保护条例》的实施得到良好的外部环境支持。

（二）企事业单位、集体经济组织层面

企事业单位和集体经济组织是《普洱市古茶树资源保护条例》得以实施的重要环节和保障，也是《普洱市古茶树资源保护条例》要重点管理和维护的对象。其对《普洱市古茶树资源保护条例》的评价直接关系到《条例》的立法质量和执行效果。

1. 企业层面

企业作为商业主体，是经济活动中最重要的组成部分之一。《普洱市古茶树资源保护条例》既是一种管理和规制与古茶树资源有关的各方活动的制度，也是一种促进和发展古茶树资源产业的制度。古茶树资源相关企业在开展商业活动时，应当遵守《普洱市古茶树资源保护条例》的相关规定。通过对普洱市内从事古茶树资源相关产业活动规模较大的企业走访，我们发现各企业均对《普洱市古茶树资源保护条例》的颁布和施行表示了理解和支持。但一些小企业或外地企业，受规模和地域等因素影响，对《普洱市古茶树资源保护条例》的理解和支持力度还不够。

2. 行业协会层面

行业协会是经济发展到一定程度，同行业者组成的一种能够对行业行为进行约束的组织。行业协会的管理有助于产品质量的提升，有助于产业的良性、健康发展。普洱古茶树资源衍生出了诸多产业，这些产业都需要接受《普洱市古茶树资源保护条例》的规制和引导。相关行业协会只有加强对《普洱市古茶树资源保护条例》的遵守、理解和执行，才能将茶产业做大做强。

3. 集体经济组织层面

普洱古茶树资源绝大多数存在于集体经济组织当中。集体经济组织是我国的重要经济组织。集体经济是我国基本经济制度之一，集体经济当中施行家庭承包责任制。在《普洱市古茶树资源保护条例》颁布施行之前，因古茶树资源多为家庭承包，且没有相应的法律法规对古茶树资源进行保护，所以很多承包者过度开发和利用古茶树资源。《普洱市古茶树资源保护条例》颁布施行后，从法律层面对古茶树资源进行保护和管理，承包者对古茶树资源的开发和利用行为有了法律所限定的界限和标准。相关职能部门也因有了法律的授权和规定，能够对承包者的开发、利用行为进行引导和管理。

（三）个人层面

个人是组成社会的最基本的单位，每个组织、每个企业、每个机构都是由一个个独立的个体组成的，个人对某一事物的评价往往会影响该事物的发展。

1. 遵法守法观念已深入人心

随着我国依法治国进程的不断加快，法治观念逐渐深入人心，现在每个人都在学法、用法和守法。人们已经意识到，只有按照法律规定办事，只有依靠法律进行社会治理，才能创建有序、文明、平等的社会秩序，才能为每个人提供可靠、安全的环境。只有人人都遵法守法，法律规定才能更好地得到贯彻落实，才能更好地发挥其价值。

2. 在遵守法律法规的同时也在反思自己的行为

通过进一步的调查研究和实地走访，我们发现在《普洱市古茶树资源保护条例》颁布施行后，各方均积极学习法律规定、履行法律义务、遵守法律规定。特别是对从事古茶树资源相关产业的个人而言，遵守法律规定是每个公民应尽的法律义务，在开展古茶树资源利用和开发工作时，应对自己固有的行为进行反思，进行法律价值评判。

3. 还需继续探寻遵守法律和利用资源之间的关系

对于个人而言，虽然《普洱市古茶树资源保护条例》是一种对社会整体进行治理和引导的制度，但其最终实施和执行是由每个人来完成的。每个人对法律都有自己的评价体系，但法律的普适性也要求每个人不能以自己的评价标准来进行活动，而是应以法律自身的评价标准来约束自己的活动。个人在古茶树资源的开发利用活动中，应遵守法律法规的规定，特别是《普洱市古茶树资源保护条例》的相关规定。

（四）社会经济发展、产业发展层面

社会的运行需要制度的保驾护航，产业的发展需要制度的引导和约束。古茶树资源相关产业以及有关的社会环境均需要法律制度来进行约束和引导。

1. 为古茶树资源产业的发展提供了法律依据

古茶树资源及其相关产业，在《普洱市古茶树资源保护条例》出台之前并未得到专门法律规定的保护和引导，由于上位法规定的笼统性和概括性，导致古茶树资源相关产业以一种粗放型、高消耗型的方式发展，对古茶树资源的有序开发和循环利用造成了一定的破坏。如何协调好古茶树资源的开发利用和保护之间的关系是《普洱市古茶树资源保护条例》需要解决的重要难题。《普洱市古茶树资源保护条例》的颁布实施，为古茶树资源的保护和开发利用提供了法律依据。

2. 规范了古茶树资源产业的行为和有序发展

古茶树资源产业是一个宽泛的概念，除了基础的古茶树茶叶产业之外，还包括古茶园等相关衍生产业，这些产业的发展，特别是旅游产业和古茶树茶叶产业的发展给古茶树资源带来了前所未有的发展契机，但随之而来的不受控制的过度开发和利用，也对古茶树资源产生了一定程度的破坏。《普洱市古茶树资源保护条例》的颁布实施，有效地对古茶树资源的开发利用进行治理，对相关产业发展进行规范。在规范的同时，《普洱市古茶树资源保护条例》积极探索协调开发利用和保护之间关系的方式，使古茶树资源得到有序的开发利用，不仅发挥出了古茶树资源的经济价值、社会价值，也使古茶树资源得到了有效的保护。

（五）生态体系及文化体系层面

古茶树资源并不单指古茶树，还包括古茶树周边的生态体系以及因古茶树形成的文化体系等内容。古茶树不能孤立存在，否则将会导致古茶树价值的贬损，势必影响古茶树资源的保护和开发利用。

1. 古茶树资源及其周边生态体系得到较好恢复

古茶树资源并不是孤立存在的个体，而是一个集人文资源和自然资源于一身的资源综合体，既是生物多样性的生态结构，也是人文历史的见证。在古茶树茶叶产品打开了新的消费市场后，因为科技落后和观念落后的影响，古茶树资源特别是与古茶树相伴的生态系统以及古茶树形成的人文资源都遭到了一定程度的破坏。《普洱市古茶树资源保护条例》的颁布施行有效地为古茶树及古茶树资源的科学管护规定了标准，也为古茶树资源的保护，特别是古茶树周边生态体系的保护提供了法律支撑。

2. 古茶树资源的有效保护有助于景迈山古茶园申请世界文化遗产工作

古茶树资源得到有效的保护，不仅能提供更好的古茶树茶叶产品，创造良好的经济价值，实现绿色发展，更能为古茶树资源所代表的历史文化资源提供价值绽放的土壤。只有古茶树资源得到有效的保护，以景迈山古茶园等古茶树资源为标志的古茶树历史文化资源才能得到保护，才能将古茶树资源的文化属性向外推广。《普洱市古茶树资源保护条例》不仅是一个对古茶树资源进行保护的法律，更是一条向世界展示普洱市古茶树资源的途径，是景迈山古茶园申报世界文化遗产的强大助力。

3.《普洱市古茶树资源保护条例》的实施存在"一刀切"的情况

《普洱市古茶树资源保护条例》的颁布实施，从法律层面为古茶树资源的开发、利用和保护行为进行了规定，使古茶树资源的开发、利用和保护工作有章可循、有法可依。但在《普洱市古茶树资源保护条例》颁布实施后，部分地区存在着执法"一刀切"的情况，例如《条例》对古茶树资源的开发、利用行为进行了详细的规定，以往的无序开发和不科学的开发已不能继续，但在执法过程中，出于避免对合理开发、利用界限划定不清的情况发生，执法机关往往只重视"保护"而忽视了"开发和利用"，简单的"一刀切"式的执法，不仅不能有效地开发和利用古茶树资源，连科学的保护行为也被禁止，例如不允许对古茶树进行任何修剪，放任了病虫害对古茶树生长的危害。

二、《普洱市古茶树资源保护条例》实施存在的问题

《普洱市古茶树资源保护条例》颁布施行一年多以来，作为普洱市第一部地方立法实施效果备受各界关注。《普洱市古茶树资源保护条例》在实施的过程中，虽然得到了社会各界的好评，也对古茶树资源的开发、利用和保护工作起到了规范和引导的作用，但是我们通过多方的调查和走访发现，《普洱市古茶树资源保护条例》在实施的过程中主要存在保护范围难以界定，行政管理中的可操作性以及执法不到位等问题。

（一）古茶树资源保护范围与实际情况的差异

虽然《普洱市古茶树资源保护条例》对古茶树资源的范围做出了比较清晰的界定，但在实际操作当中，古茶树资源的认定仍然存在着许多困难。除去已经公认

的古茶树资源外，其他茶树资源若想被认定为古茶树资源，不仅要经过严格的审核，还要受到鉴定技术和社会发展认知水平的影响。

1. 古茶树资源的概念难以准确界定

从《普洱市古茶树资源保护条例》所规定的范围来看，古茶树资源是一种集茶叶资源、周边自然资源和人文资源于一体的资源，但是古茶树资源的概念作为一个新的概念，现在仍没有国家级的官方渠道对其进行定性。也就是说，古茶树资源这一概念虽然在普洱市范围内得到了比较具体的规定和解释，但从国家层面来讲，古茶树资源的概念仍是一个新的概念，对其定义仍然需要实践的检验和科学的研究。

2. 古茶树资源的范围难以准确列举

《普洱市古茶树资源保护条例》对古茶树资源的范围进行了列举式概括性的定义，也就是在普洱市辖区内古茶树是指普洱市辖区范围内的野生型茶树、过渡型茶树和树龄在一百年以上的栽培型茶树；古茶树资源是指古茶树，以及由古茶树和其他物种、环境形成的古茶园、古茶林、野生茶树群落等。虽然《普洱市古茶树资源保护条例》对古茶树及古茶树资源进行了列举式的定义，但该定义仅仅是《普洱市古茶树资源保护条例》立法工作组在对普洱市古茶树资源进行调研和走访后给出的定义，虽然该定义描述清晰、列举清楚，但该定义仅仅是普洱市市辖范围内的定义，且该范围是基于当今普洱市范围内的价值观念和实践经验而总结得出的，不能将其等同于全国范围的标准。

3. 对古茶树资源实施保护行为的主体难以有效协调和确定

古茶树资源的保护应当是全产业流程各个主体共同的保护，保护行为贯穿养护、采摘、加工、销售、管理以及附加值管理等诸多领域。其间的相关主体主要有政府、产业行业协会、企事业单位、村民委员会和村民小组、茶农个人等主体，这些主体之间，有的是隶属关系，有的是指导关系，还有的是协作关系，种种关系共同组成了古茶树资源的保护行为。在这些主体和关系中，虽然能够从理论中明确保护主体，但从实践中来看，古茶树资源的保护行为存在着执行难的问题，其中的核心问题就是对古茶树资源实施保护行为的主体难以有效协调和确定。难以有效协调是指古茶树资源的保护主体均有自己的立场和出发点，且相互间不存在领导与被领导关系。若要使古茶树资源得到有效的利用，相关法律就要协调承担保护责任的主体立场和行为，集中力量办大事；就要进一步明确实施保护行为的主体的责任，以便明晰责任归属，督促责任履行，协调各主体之间的行为，保证各尽其职的实现。

（二）可操作性问题

《普洱市古茶树资源保护条例》立法初衷就是加强《条例》的可操作性，使地方立法切实起到将国家法律法规与地方治理紧密结合的目的。普洱市相关机构经过多次调研、论证和听证，在充分听取并总结各方意见后，遵照上位法的有关规定，制定了《普洱市古茶树资源保护条例》相关条文。但《普洱市古茶树资源保护条例》是普洱市行使地方立法权制定的第一部地方性法律法规，其局限性在于对于《普洱市古茶树资源保护条例》颁布后是否可以得到有效执行这一重要问题没有经验可以借鉴。通过调查走访，我们对《普洱市古茶树资源保护条例》颁布施行的效果进行评价，发现《普洱市古茶树资源保护条例》有一些可操作性方面的问题。

1. 村民的习惯性行为对古茶树资源保护有直接影响

《普洱市古茶树资源保护条例》对违法行为进行了规定，虽然在一定程度上限制和约束了对古茶树资源的破坏性行为，但我们从实际调查中得知，对古茶树资源破坏最大的并非茶产业相关企业的行为，因茶产业相关企业赖以经营的基础就是古茶树资源，所以其行为并不会对古茶树资源造成过多破坏，反而是村民和茶农的习惯性行为，才是对古茶树资源造成破坏的主要行为。

2. 对古茶树资源进行有效保护需要投入大量的人力物力

古茶树资源分布范围广泛，在哀牢山脉、无量山脉以及其他山林地区均有分布，若对古茶树资源进行系统的保护，必然需要投入大量的人力物力，不仅要做好宣传工作，还要做好动态管理和档案台账工作，还要加强执法力度。这些工作的开展，无疑会增加人力物力成本，短时间内会对地方财政构成负担。

3. 《普洱市古茶树资源保护条例》的制定得到各机关的重视，但《普洱市古茶树资源保护条例》的实施缺乏有效监管

我们在对《普洱市古茶树资源保护条例》的实施效果进行调研时发现，在制定《条例》的过程中，各参与机关和主体均有较高的积极性，但在《条例》颁布实施后，对《条例》的执行却并未得到执行机关的足够重视。究其原因，是对《条例》的实施缺乏有效的督导和监管程序造成的，使得《条例》更多地停留在纸面，而未得到有效执行。

（三）执法问题

《普洱市古茶树资源保护条例》用较大篇幅对法律责任进行了规定，但因《条

例》制定主体仅为普洱市，适用范围也为普洱市，在《条例》颁布实施的一年以来，并未出现法律责任追究的情况，但这并不代表在此期间没有违法情况的发生，除《条例》适用范围内人民群众普遍守法之外，也有执法机关执法落实不到位的实际情况，究其原因在于以下几个方面。

1. 执法主体落实主体责任不到位

《普洱市古茶树资源保护条例》在颁布施行后，虽然以法律条文的形式确定了执法主体和其应承担的相关职责职能，但因执法主体人员有限，无法对普洱市辖区内的古茶树资源进行及时、有效的管理，执法主体的主体责任并未落实到位。首先，体现在执法主体对于《条例》的学习和理解不到位；其次，执法主体并未建立有效的巡回巡查机制和投诉举报机制，再次，执法主体并未建立古茶树资源台账，古茶树资源管理仍然存在混乱状态；最后，执法主体存在采用"一刀切"的管理模式的情况，管理方式简单粗放。

2. 违法主体及违法行为难以确定

古茶树资源是历史形成的，是千百年来遗留下来的，其分布较为分散，未登记的古茶树资源也不易被发现和保护，加之普洱市路况复杂、山高路远，保护难度较大，往往发现破坏古茶树资源的情况后，无法确定破坏行为实施的主体。有时有人被认为破坏了古茶树资源赖以生存的周边环境，却未对古茶树资源进行直接破坏，但周边环境的破坏对古茶树资源产生了直接的不利影响，该种行为也很难认定为对古茶树资源的违法破坏行为。

3. 违法行为与历史习惯之间存在矛盾

普洱市自古就有利用茶树进行茶叶生产加工的行为，在千百年的茶叶生产加工中，茶农口口相传了许多对茶树利用的方式方法，这些方式方法放在今天来看，虽然有一定遵循自然规律、尊重自然、尊重植物生长规律的道理，但却存在着诸多不科学行为，例如不轮候式的采摘行为以及单次过度采摘行为，都会对古茶树资源造成很严重的负面影响，甚至是破坏。而在《普洱市古茶树资源保护条例》颁布施行之前，很多行为并未得到治理和约束，长年累月的行为习惯，使得历史习惯与《条例》颁布后所认定的违法行为产生了在认定界限上的冲突与矛盾。

第三节　完善《普洱市古茶树资源保护条例》的思考

《普洱市古茶树资源保护条例》颁布后，虽然各界均给出了积极的响应和好评，但《条例》的实施效果还存在很多问题，如果要让《条例》能够得到更好的执行，真正发挥《条例》保护古茶树资源和合理开发利用古茶树资源的作用，还需要继续完善并深化相关法律制度。继续完善和深化法律制度，有助于解决法律实施过程中遇到的突出问题，协调公权与私权的范围与关系，加强法律的可操作性，提高立法质量、完善法律体系，将法律与现代社会发展有效结合，使法律规定不断适应社会的发展需要，实现法律对社会鼓励、评价和引导的功能。

一、解决法律实施过程中遇到的突出问题

法律的不断更新和完善，是为了使法律能够适应社会的发展，并在此基础上，能够解决在实施过程中遇到的突出问题。

（一）法律实施过程中必然遇到问题

法律具有滞后性，是根据先有的经验进行总结和提炼，对当前社会面临的问题进行解决的制度。其滞后性使得法律在实施过程中随着社会的发展必然会遇到法律规定不适应社会发展的问题。

（二）遇到问题后应慎重分析问题形成的原因

法律在实施过程中，必然会遇到实施问题。在遇到问题后，应直面问题，承认法律原条文确有规定不完备之处；在发现问题后，应积极开展调研工作，主动查找问题形成的原因，慎重分析，深入研究问题，将问题产生的根源排查出来。

（三）利用立法手段解决法律实施过程中遇到的问题

在找到问题的根源后，我们需要利用立法手段对问题加以解决。利用立法手段不代表随时进行立法补正工作，在立法工作中，除颁布正式的法律外，若法律没有规定，可以以规范性文件等先行规制，待立法条件成熟后即进行立法补正工作。

二、协调公权与私权的关系

在我国，公权与私权来源相同，均来自于人民，但表现形式和实现途径却不同，公权通过国家机关行使，私权需要通过公权予以保障。法律不断完善和更新，有助于公权与私权之间更好地协调和实现。

（一）公权力对古茶树资源的保护

公权力是来源于人民群众的一种对国家进行治理的权力，全国人民代表大会和各级人民代表大会是国家的权力机关，各级行政部门是行使公权力的部门。公权力对古茶树资源的保护是国家意志、人民意志的体现。而公权力对古茶树资源进行保护的法律依据就是已经颁布实施的《普洱市古茶树资源保护条例》。

（二）私权利对古茶树资源的保护与利用

私权利是每个公民本身就享有的权利，其实现需要公权力予以保障。从普洱市范围内来看，私权利是对古茶树资源进行保护和利用的最初的权利，私权利能否以一种绿色、循环、可持续的方式对古茶树资源进行开发、利用和保护，直接关系着古茶树资源的保护效果。

（三）公权力与私权利之间的矛盾

公权力与私权利之间虽然来源相同，但在社会整体的运行当中，因实现方式和实现主体的不同，而会产生矛盾，例如公权力需要完成对古茶树资源的有序开发的管理，实现绿色、有机、可持续发展，但私权利则要求对古茶树资源进行经济价值的最大利用，在实践中难免会造成对古茶树资源的过度开发甚至是破坏，这就造成了公权力与私权利之间的矛盾关系。

（四）协调公权力与私权利之间的关系

公权力与私权利之间既相互促进，又存在矛盾，为了更好地协调公权力与私权利之间的关系，需要对法律进行不断深化和完善。我们只有不断地更新法律规定，才能使法律适用社会的发展，才能促进社会更好地运行，才能更好地行使公权力和保护私权利，才能更好地协调公权力与私权利之间的关系。

三、加强法律的可操作性

对法律规定进行深入研究和完善，能够发现和弥补法律存在的不足，提高法律的可操作性，使法律不断适应社会发展。积极开展普洱市古茶树资源保护相关法律的立法工作，特别是在《条例》颁布施行后开展实施细则的调研、起草工作，有助于发现《条例》存在的问题，弥补不足，进一步提高可操作性。

（一）能够弥补法律实施过程中出现的漏洞

因为立法存在滞后性的特点，所以法律在实施过程中会出现与实际情况存在不对应之处的情况，这些不对应之处就成为法律在实施过程中的漏洞。我们处理这些漏洞时需要对法律进行不断研究和完善，才能使法律对社会治理起到更好的作用，取得更好的效果。

（二）能够增强执法者在执法过程中的应用性

对法律进行不断完善和修改，能够使法律越来越适应社会的发展，能够使法律越来越具有可操作性和规定内容的合理性。在实践中，对法律进行完善和修改，能够使执法者在执法过程中应用法律的水平逐渐提高。

（三）能够提高其他主体守法的主动性

法律绝不仅仅是赋予执法者权力，更多时候法律的贯彻落实需要全社会主动参与。一部法律的出台，可能会对诸多社会群体产生影响，这些影响有正向影响也有负向影响，通过不断更新和完善，法律对于每个群体在合法范围内的权利均给予了充分的保障，这种保障也促使社会各个群体积极遵守法律。

（四）能够协调习惯与法律规定之间的关系

从法的渊源来讲，虽然习惯是法的一项重要渊源，但习惯并不等同于法律。在我国，法律是具有最高约束力的、经过国家权力机关认可的制度，而习惯虽然也在一定程度上具有约束力，但习惯并不具有法律的特征。但从社会治理的角度出发，习惯往往能够对人的行为产生重要的影响。一部成功的法律，必然在不断地更新和完善中协调习惯与法律规定之间的关系，使法律规定与习惯之间相辅相成、互为补充。

四、提高立法质量、完善法律体系

对法律法规进行深入研究和不断完善是法律发展的必然要求。法律要解决的问题总是以新的形式出现，而旧有的法律不能很好地解决社会发展中的新情况、新问题，是法律法规滞后性、固态性所具有的缺点，只有不断地对法律法规进行研究和完善，才能弥补现行法律存在的不足，不断提高立法质量、完善法律体系。

（一）能够不断适应新的形势发展

法律作为社会治理的一种重要制度，需要不断发展变化才能与时代、社会接轨，才能更好地解决社会问题，才能更好地为社会发展服务。《普洱市古茶树资源保护条例》的制定、颁布和实施，是在古茶树资源经济价值和生态价值凸显的今天，因上位法规定较为笼统概括，无法针对古茶树资源这一领域进行详细规定的背景下，普洱市针对本市实际，对古茶树资源的开发、利用和保护行为进行立法，以法律形式适应新时代的发展，以法律形式解决新时代面临的问题，切实做到有法可依、依法治国。

（二）能够与其他法律法规有效衔接

我国是成文法国家，权利义务均来源于法律的明确规定。虽然自1949年中华人民共和国成立至今，我国已基本建立了社会主义国家法律体系，但上位法较多，下位法较少的现实情况对我国法律"走完最后一公里"形成了阻碍。上位法多框架性条款，方向性和引导性较为明显，这在我国这种幅员辽阔、文化多样、信仰多元的国家是必要的，也是可行的。上位法进行引导性规定，有助于各地方根据实际情况制定切实可行的地方性法规，从而发挥地方优势，发扬地方特色。地方立法的积极、有效开展，能够将上位法与基层实践相结合。这种结合不仅是理论上的结合，更是实践上的结合，是将国家的治理理念和措施真正落实到实处。

（三）能够弥补上位法在实施过程中存在的不足，能够将法律切实与地方实际紧密结合

前文提到上位法更多地起到引导作用，而上位法制定层级较高，因兼顾全国或全省情况，无法顾及到实践中的诸多细节操作问题，这就导致上位法在实践操作过

程中存在空白区域，从而导致上位法在实施过程中存在不足。随着地方获得一定范围内的立法权，地方立法工作迅速开展，地方立法工作坚持遵守上位法的规定，在上位法规定空白的区域，地方立法坚持不加重义务的原则，充分发挥主观能动性，结合地方实际，进行地方法律法规的制定和完善。

五、实现法律的鼓励、评价和引导功能

法律不仅有强制功能，在现代，更有鼓励、评价和引导功能。政府立法工作要在总结实践经验的基础上不断探索，力求在体制、机制、制度上不断有所创新。

（一）法律存在滞后性，需要不断完善更新

法律是遵循一定的价值，按照立法技术和立法规范，解决当下社会矛盾、引领社会发展的一种制度。也是按照《立法法》的规定，对法律适用范围内的问题进行解决，对社会的发展加以引领的制度。但法律在解决现有问题时，需要总结、提炼、论证、提出解决方法等多个步骤，必须存在一定的滞后性。所以，一部法律出台后，虽然对已有问题进行了解决，但新的问题可能会随之出现，所以法律制度需要不断完善、更新。

（二）法律对产业发展具有引领作用

立法工作要立足现实，着眼于未来，把立法决策与改革决策紧密结合起来，体现改革精神，用法律引导、推进和保障改革的顺利进行。对现实中合理的东西，要及时肯定并采取措施促进其发展；对那些不合理、趋于衰亡、阻碍生产力发展的东西，不能一味迁就。一项法律的颁布实施，除直接呈现出的管理效果外，在管理的同时，对其所规制的产业发展也起到了引领作用。《普洱市古茶树资源保护条例》的颁布实施，对古茶树资源的开发利用和保护行为进行了规定和约束，同时也为古茶树资源相关产业的发展指明了道路。

第四节 完善《普洱市古茶树资源保护条例》的建议

一、健全立法工作机制、立法制度

（一）健全政府立法工作机制，改进工作方式方法，进一步提高社会公众对立法的参与程度

第一，探索建立由法制机构牵头、有关部门配合、专家学者参与的立法起草机制，增强政府立法的全局性。

第二，健全专家咨询论证制度，实行立法工作者、实际工作者和专家学者三结合，充分发挥专家在政府立法中的作用。

第三，研究建立政府立法成本效益分析制度，政府立法不仅要考虑立法过程成本，还要研究其实施后的执法成本和社会成本。

第四，完善立法后评估制度。立法后评估制度有利于进一步完善立法，提高制度的质量。法规、规章、规范性文件施行后，制定机关、实施机关应当定期对其实施情况进行评估。实施机关应当将评估意见报告制定机关，制定机关可以根据评估意见及时修改、废止相关规定。

第五，公开征求意见和实行听证制度。起草法律、法规、规章和作为行政管理依据的规范性文件草案，要采取多种形式广泛听取意见。重大的或者关系人民群众切身利益的草案，要采取听证会、论证会、座谈会或者向社会公布草案等方式向社会听取意见，尊重多数人的意愿，充分反映最广大人民的根本意愿，这也是确保法律规范得以很好实施的基础。

第六，健全和完善立法争议协调制度。

第七，健全和完善法规清理制度。要及时消除法律规范的矛盾与冲突，提高法律规范的适应性。要适时对现行行政法规、规章进行及时清理，修改、废止不符合转变政府职能要求和经济社会发展需要的制度和措施，切实解决法律规范之间的矛

盾和冲突。

（二）健全向社会公开听取意见的各项制度

第一，建立意见采纳情况说明和反馈制度。

第二，积极探索政府立法听证制度，起草、制定影响重大、关系人民群众切身利益的法律、法规，尝试通过听证的方式听取群众意见。

（三）加强政府法制理论研究，不断研究新问题，不断总结新经验，不断深化对立法的规律性认识，探索进一步推进科学立法、民主立法的新思路、新举措，努力实现立法工作与扩大人民民主和促进经济社会发展的要求相适应

第一，进一步完善立法工作程序，调动和发挥社会各方参与立法的积极性和创造性。

第二，提高社会公众对立法的参与程度。

第三，努力改进立法工作技术，提高法律、法规的可操作性，确保立法能真正解决实际问题，等等。

（四）在政府立法工作中坚持解放思想、实事求是的思想路线，在制度建设上不断改革创新，提高制度建设的质量

制度创新是指将一种新关系、新体制或者新机制引入人类的社会和经济活动中，并且推动社会和经济发展的过程。改革的核心就是制度创新，制度创新具有更大的重要性和根本性，引入一种新的体制和机制，往往就能够大大地提高生产力。因此，提高制度建设质量，重在解放思想，改革创新。

（五）总结经验，把握规律，确保法律规范的科学性

政府立法工作是科学性、规律性很强的工作。只有在总结实践经验的基础上，把握规律，才能确保法律规范的质量。

二、努力实现立法的内涵与外延的统一

在开展普洱市古茶树资源保护相关工作的过程中，我们发现，特别是在立法工作当中，古茶树资源是立法保护的对象和重要内涵，虽然在已经颁布实施的《普洱市古茶树资源保护条例》中明确了古茶树资源的保护范围，但在实际工作当中，围

于历史形成的和现实的种种原因，古茶树资源的保护工作仍有很长的路要走。除了要坚持不懈地开展古茶树资源的保护工作之外，在普洱市古茶树资源保护立法工作的开展中，还涉及多个方面外延的保护，包括历史文化与现代文化，自然资源与现代经济，开发利用与环境保护，传统技艺与现代工艺，自然衍生与人为干预，单一保护与申遗工作等问题。

（一）历史文化与现代文化的统一

普洱地区在历史文化上较为封闭，形成了自己独特的历史文化特点，且在县域之间、村落之间和民族之间均存在着不同的文化特点。这些文化中，有的值得传承和发扬，有的需要加工和提炼，有的则需要摒弃，但历史文化不是一蹴而就形成的，而是由地域、人文、自然等多种因素在一定历史条件下形成的，这就需要对历史文化进行有针对性的、科学合理的传承和发扬。同时，随着现代经济社会的发展，现代文化也越来越多地为普洱人民所接受，在现代文化交流中，普洱市既不能固守自己的传统历史文化而不开放，又不能完全摒弃传统文化，需要在坚守传统文化特别是传统美德文化、民族文化、民俗文化的基础上，充分让历史文化与现代文化相互沟通、衔接、融合，真正达到历史文化与现代文化的统一，真正使普洱的历史文化融入现代文化当中，并使普洱的历史文化得到发扬和传播。

（二）自然资源与现代经济的统一

普洱市拥有广阔的面积，相当于1.5个台湾省大小，辖区内自然资源丰富，矿藏、水流、林木、动物、植物等资源均有丰富储备。优越的自然资源条件，为普洱市的经济社会发展奠定了坚实的基础。随着普洱市创建国家绿色经济试验示范区进入关键阶段，其绿色经济的发展思路与辖区内丰富的自然资源决定了普洱市的发展历程一定会将自然资源与现代经济相统一。在此基础上，普洱市古茶树资源保护立法工作就是将普洱市丰富的古茶树资源与绿色发展方式这一现代经济发展模式相结合的典范。

（三）开发利用与环境保护的统一

普洱市在进行古茶树资源保护立法工作时，始终坚持以发展为导向，始终牢记普洱市建设国家绿色经济试验示范区这一艰巨任务，始终将贯彻落实绿色发展，使绿水青山变成金山银山这一发展思路摆在发展的首要位置。在古茶树资源保护立法工作的具体操作过程中，我们通过充分的调研，得知古茶树资源是很多村民以及茶农赖以生存的经济命脉，也是某些特殊地区脱贫攻坚、全面建成小康社会可利用的重要资源。上述事实的存在，使得古茶树资源必须得到开发和利用，才能真正实现其自身的价值，才能为脱贫攻坚工作和小康社会的建设贡献力量。而古茶树资源作为一种需要百年以上才能形成的资源，其周边早已形成一个小型的生态系统，该生态系统与多年来的人类活动相互适应，形成了独特的自然资源与人文资源的融合体。在开发利用古茶树资源的同时，应注重对古茶树资源进行保护，这样才能使古茶树资源得到充分的发挥和利用，才能真正将古茶树资源变成一种可持续利用的资源，真正将绿水青山变成金山银山。

（四）传统技艺与现代工艺的统一

古茶树资源保护立法工作开展的过程中，不仅从古茶树资源作为一种自然资源的角度出发，还通过对环境资源和自然资源保护的研究以及相关政策条文的制定来对古茶树资源进行生态方面的保护，切实将古茶树资源作为绿水青山保护好。在开展立法工作的过程中，多年来茶农世代流传的利用古茶树资源的技艺给立法工作者留下了深刻的印象。虽然不能说出科学依据和理论术语，但是茶农世代口耳相传了许多对古茶树资源进行开发利用和保护的做法，例如对于古茶树枝干的修剪、对古茶树进行采摘、对古茶树茶叶进行加工处理等，均形成了一套套独特的、世代相传的技艺。从科学角度出发，这些世代相传的技艺自然有其顺应自然之处，例如对于病虫害枝干，应顺应枝干文脉从枝干向茶叶方向修剪，再加以防水保护，待其自然愈合即可，若从茶叶向枝干方向修剪，因浓雾水汽或雨水倒灌等因素，整个枝干可能再次受到病虫害的侵扰。但这些世代流传的技艺难免也存在不合理之处，例如在晒青、揉捻的过程中，因农村地区条件简陋，加上没有精细化的规范标准，使得古茶树茶叶的加工过程不够卫生、加工质量更多依赖于制茶人的直觉和手感。随着经济的发展，现代社会制茶方法以及环节流程已经能够做到标准化、精细化和卫生化。在对古茶树资源的保护手段中，现代社会也从更加全面的角度出发，对古茶树资源周围的生态系统、环境质量、光照日晒、大气水汽、防治病虫害、枝杈修剪以及采摘手法等多个方面进行了系统性的总结和提炼，形成了对古茶树资源全方位的现代技术体系。但每一项现代技艺都脱胎于传统技艺，所以古茶树资源的保护，应做到传统技艺和现代技艺的统一。

（五）自然衍生与人为干预的统一

古茶树资源最早形成于野生茶树，因受独特的地理环境和生态系统影响，古茶树得以长久存活，这就使原来的野生茶树逐渐变成古茶树。这就是古茶树资源的自然衍生过程。在其自然衍生过程中，不仅会出现自身茶叶品质的变化，还会逐渐在茶树周边形成独特的自然生态系统，茶树与生态系统互相影响，自然衍生成了今天的古茶树。这就是为什么同为古茶树，但不同的山区所产的古茶树茶叶存在口感上的区别，因为每一棵古茶树都有其自身独特的生态系统，经过上百年茶树与其生态系统的互相影响，茶叶口感自然存在区别。在古茶树资源得到保护的今天，人们已经认识到古茶树资源的经济价值和文化价值，同时也意识到古茶树资源应当得到有效的保护，所以人为干预古茶树资源的成长和古茶树资源周边的生态环境已经成为近年来对古茶树资源进行开发利用的一个重要步骤。人们利用人为干预，对古茶树资源的长势、病虫害防治、周边生态系统修复和治理都起到了良好的作用。由于采取行之有效的人为干预措施，古茶树资源得到了很好的开发、利用和保护。

（六）单一保护与申遗工作的统一

古茶树资源的立法保护工作，不仅仅是要对古茶树资源进行立法保护，还要以立法的手段，通过法律这一规范性文件，将古茶树资源的保护工作与其他相关工作紧密结合起来。从普洱市对古茶树资源保护和开发工作的未来规划以及现实工作来看，普洱市进行古茶树资源的立法保护工作，不仅有助于对古茶树资源的保护和可持续开发利用，更有助于对外宣传普洱市的古茶树资源，有助于打造普洱市古茶树资源品牌，有助于古茶树资源产业的构建，有助于脱贫攻坚工作和小康社会建成，也有助于资源环境的保护。同时，对古茶树资源进行立法保护，不仅仅体现在其生态环境价值中，更是因为贯彻落实古茶树资源保护工作，走出了一条人与自然和谐相处、守护绿水青山和人文历史，变绿水青山为金山银山的脱贫致富的小康之路，还借助了其千年时光形成的古茶园这一特有的自然资源与人文资源融合体。普洱市内古茶树资源丰富，特别是辖区内的澜沧县景迈山古茶园，普洱市正在就景迈山古茶园积极申报世界文化遗产，将单一的保护工作与申遗工作有机结合，将古茶树资源保护立法工作落到实处，不仅落实对古茶树资源的保护，还将保护的价值体现出来。

三、制定《普洱市古茶树资源保护条例》实施细则

当前的《普洱市古茶树资源保护条例》虽然经过了详细的论证，更兼顾了各个方面的意见和建议，但是由于尚未上升到国家立法的层面，其法律本身具有先天性的缺憾。同时在实施过程中也发现一些问题，就深化和完善而言，下一步制定更为科学合理的实施细则应当是不二之选。实施细则的制定应主要围绕以下几个方面开展。

（一）建立古茶树鉴定专家库，明确专家的工作职责

《普洱市古茶树资源保护条例》第三条规定了栽培型古茶树由市林业行政部门组织专家鉴定后予以确认并向社会公布，也可以由所有者向市林业行政部门提出申请后进行认定。第二十三条规定市、县（区）林业行政部门在开展古茶树资源保护、管理、开发利用等活动时，涉及古茶树树龄认定等专业性问题应当组织专家论证、评估、鉴定。利害关系人对评估、鉴定意见有异议的，可以向林业行政部门申请重新评估、鉴定。为了突出专家参与古茶树资源保护的作用，相关部门应建立古茶树专家库，组织专家参与古茶树的鉴定、抢救复壮、养护和管理、制定保护的方案、安全评估等相关工作职责，并对专家库的组成、鉴定标准和鉴定程序进行规定，通过专家参与，实现科学保护古茶树资源。

（二）完善宣传教育和公众参与的保护机制

加强古茶树资源保护的宣传教育，利用民间习俗、茶叶节等组织开展公众参与的活动。鼓励热爱普洱茶的单位和个人以捐资、认养等形式参与古茶树保护。捐资、认养古茶树的单位和个人可享有一定期限的署名权和获颁古茶守护人等荣誉证书，从而实现充分利用社会资本参与古茶树资源保护的目的。

（三）名录管理和分类保护机制的细化

《普洱市古茶树资源保护条例》第十一条已经规定了古茶树资源实行名录管理和分类保护机制。同时规定县（区）人民政府对古茶园、古茶林、野生茶树群落建立保护区，划定保护范围，并设立保护标志。对零星分布的古茶树，县（区）林业行政部门应当建立台账，划定保护范围，设立保护标志，实行挂牌保护。第十二条

规定了市人民政府应当建立古茶树资源数据库。县（区）人民政府组建古茶树种质资源库、古茶树实物库等初级数据库。这是对古茶树资源保护的基础和前提，涉及的工作繁重琐碎，操作性强，除了古茶树、古茶山的数量、分布大致情况外，核心是古茶树的权属、管护情况的收集，应加以细化工作职责。同时挂牌保护信息也应细化到所属地名、编号、保护类别、管护责任人、养护责任人、遭破坏举报电话、挂牌时间等。分类保护中可根据细化确定不同保护区域，实行不同的保护级别和措施。

（四）古茶树资源保护与管理责任的细化

《普洱市古茶树资源保护条例》第七条规定古茶树资源的所有者、管理者、经营者应当依法履行古茶树资源保护义务。但对古茶树资源保护中的所有者、经营者、管理者的管护责任未进行细化规定，不利于明晰责任，应加以细化。同时针对现实中确实需要移植、采伐古茶树及其他林木、植被；确实需要取土、挖掘、开垦、烧荒的行为应规定严格的特殊情形和审批手续。同时应规定禁止境外的机构或个人采集或者收购古茶树的籽粒、果实等种植材料或者繁殖材料以及境外机构对古茶树资源进行野外考察研究应办理相关手续等。

（五）制定科学管护和动态管理办法

《普洱市古茶树资源保护条例》第十三条规定由县（区）人民政府建立古茶树资源动态监控监测体系和古茶树生长状况预警机制。这是科学管护及动态管理的规定，但应细化养护管理、保护方案、安全评估等相关的工作，同时建立日常养护和定期养护的养护模式，建立数据库及信息化系统，运用大数据进行对辖区范围内古茶树的长势情况进行定期监控监测，收集监控监测数据，对长势衰弱或濒临死亡的古茶树，建立经营权人及时向管护责任人报告的制度。

《普洱市古茶树资源保护条例》第十四条规定市、县（区）林业行政部门应当制定野生型、过渡型古茶树管护技术规范，农业行政部门制定栽培型古茶树管护技术规范，开展古茶树管护技术培训和指导，监督古茶树资源所有者、管理者、经营者施用生物有机肥，采用绿色（综合）防控技术防治病虫草害。古茶树资源所有者、管理者、经营者应当按照技术规范对古茶树进行科学管理、养护和鲜叶采摘。对过渡型、栽培型古茶树应当采取夏茶留养的采养方式，每年的六至八月不得进行鲜叶采摘。应细化农业部门的操作，如发挥相关科研院所的智力、技术支撑作用，对古茶树资源加强土壤管理、树干管理、病虫害管理等管理措施，制定对古树茶的技术标准、分级分类管理措施。通过乡规民约明确古茶树资源的所有者、管理者、经营者的权利、义务规范，并按照规范进行管理、养护和采摘。

（六）环境影响评价制度的细化

《普洱市古茶树资源保护条例》第十五条规定了单位或者个人在古茶树资源保护范围内依法建设建筑物、构筑物或者其他工程，在进行项目规划、设计、施工时，应当对古茶树资源采取避让或者保护措施。第二十一条规定市、县（区）人民政府应加强古茶树资源保护管理基础设施建设，有计划地迁出影响古茶树资源安全的建筑物、构筑物。应制定保护范围内的建筑物只减不增的原则，并制定相应近期、中期、长期规划，针对不同时期采取不同的措施。

（七）健全完善普洱茶地理标志保护的管理架构

从政府的顶层设计到行政机关的监管和行业协会几个层面设计地理标志保护体系，借鉴欧盟国家在地理标志保护方面的监管经验，分层进行古茶树资源地理标志保护工作，在现有名山普洱茶品牌联盟基础上细化建立古茶树地理标志保护和产品质量可追溯体系，分别建立管理制度，并探索将其纳入信用管理体系建设。

（八）细化补偿机制、激励机制，加强对古茶树资源保护的监督考核

《普洱市古茶树资源保护条例》第五条规定市、县（区）人民政府应当将古茶树资源保护纳入国民经济和社会发展总体规划，经费列入年度财政预算，建立古茶树资源保护补偿、激励机制。根据此条规定细化生态补偿机制，明确针对什么情况进行补偿，补偿金额等。细化激励机制，规定市、县（区）人民政府对在古茶树保护、管理、研究和开发利用工作中做出贡献的单位和个人按照有关规定进行奖励，以激发全民保护古茶树资源的积极性。加强对古茶树资源保护的监督考核，把监督考核列入相关部门的考核中。

（九）行政管理部门职责的细化和突出茶叶和咖啡产业发展中心在古茶树资源保护中的统筹协调作用

《普洱市古茶树资源保护条例》第六条规定了市、县（区）林业行政部门负责古茶树资源的保护、管理、开发利用工作。同时规定了："市、县（区）农业、茶业、发展改革、公安、财政、国土资源、环境保护、住房城乡建设、文化、旅游、市场监管等部门，按照各自职责做好古茶树资源保护工作。乡（镇）人民政府依法

做好本行政区域内古茶树资源保护工作。"各部门围绕古茶树资源保护应有更明确具体的职责，在实施细则中可根据各部门的职责结合古茶树资源保护特点专门细化可量化的职责。同时，由于普洱设有专门的茶叶产业管理机构，市级设有茶叶和咖啡产业局，县级设有茶叶和特色生物产业局，茶叶行政管理部门是古茶树资源的主要管理部门，因此，专门的茶叶产业管理机构应当负责古茶树资源的宏观行政管理，如行政规划、行政指导等抽象行政权。目前《普洱市古茶树资源保护条例》只把茶叶和咖啡产业局的古茶树资源保护管理职责和其他部门职责并列，而忽视了它在古茶树资源的宏观管理中具有不可替代的专项作用，因此在《普洱市古茶树资源保护条例》实施细则制定过程中可以考虑授予其一定的具体行政权，如行政确认、行政处罚权，以便更好地实现古茶树资源保护的协调统筹工作。

第十章 古茶树资源保护的基层治理

《普洱市古茶树资源保护条例》的颁布施行，标志着对古茶树资源的开发、利用和保护开启了法律规制管理的模式。为了实现立法的目标，法律规制从设立的科学化到管理的科学化都需要在尊重古茶树资源的自然规律前提下，大力开展素质提升和宣传教育活动，加大法律的校园宣传和社区、村组宣传。各个基层组织和相关单位应加强居民、村民素质提升工作，加强学法、守法、懂法、用法的宣传教育工作。借鉴乡村治理经验，充分发挥基层治理能力，从而实现管理科学化的目标。

第一节 科学的立法是有效治理的前提

一、科学的立法制度与机制

（一）明确立法目标

地方立法工作在制定之初就应当明确立法所针对的对象，明确立法所要达到的目的以及明确立法涉及的主体。古茶树资源是不可多得的资源，具有地域性、稀缺性特点。法律制度在对古茶树资源进行管理规制的过程中，除了应注重对古茶树资源的保护，更应注重促进古茶树资源的开发利用，使绿水青山变成金山银山。所以古茶树资源的开发和保护需要一套成熟完整的法律制度和政策来规范，需要全社会的共同参与。

（二）对相关上位法及相关政策法规进行梳理、归纳

上位法的效力高于地方法律，所以地方立法工作在开展的过程中，应当重视对

处于上位的法律、法规及司法解释的梳理、归纳。

（三）完善公众参与、专家论证、风险评估、合法性审查工作

立法工作无论在国家层面还是地方层面，均属于重大决策事项，应严格按照各级地方重大决策事项的工作步骤开展工作，切实加强公众参与，多次进行专家论证，依法进行风险评估，严格进行合法性审查，最终审慎进行决策。

（四）多方位进行深入调研

地方立法工作囿于经验缺乏、治理范围较小等因素，应加强对外的学习和调研工作，在开展立法工作的过程中，应对国内外的有益经验进行调研，对于已经有成功先例的地区，更应虚心学习，取长补短。

二、尊重自然规律，汲取技术规范与管理经验

（一）法律制度应遵循自然规律来制定

自然规律是一切规则形成的基础，其中包含社会规律，而法律是社会规律的一种具象化的表现，所以法律的制定应遵循自然规律。《普洱市古茶树资源保护条例》及相关立法工作的开展，都应遵循古茶树资源发展这一自然规律，从自然规律出发，制定切实可行的法律规定。

（二）法律制度应汲取技术规范

法律制度是规律的体现，应以促进规律的发展为目标。在古茶树资源保护立法工作过程中，应汲取技术规范和管理经验，同时鼓励和促进技术、技艺的规范和更新。

（三）法律制度应总结和提升管理经验

法律制度在规定对古茶树资源保护的同时，其规定的保护方式应是对过去经验的总结，同时应有一定的前瞻性，并能够在实践当中切实提升管理经验。

三、地方政策的有益补充

地方政策是地方立法的法律渊源之一，同时地方政策有利于地方立法的有效执

行并能够有效弥补地方立法的不足。

第二节 乡村治理经验为实现有效基层治理提供借鉴

一、仅有立法不足以实现对古茶树资源的科学管理

《普洱市古茶树资源保护条例》的颁布施行，标志着对古茶树资源的开发、利用和保护开启了法律规制管理的模式。法律规制从设立的科学化到管理的科学化都需要在尊重古茶树资源的自然规律前提下，思考各层次各领域的管理问题。

（一）行政机关的行政管理如何科学化

行政机关在日常管理过程中应坚持有法可依、有法必依、执法必严、违法必究的原则，将法律的规定和地区实际情况相结合，并不断学习法律法规，对于实践操作中遇到的问题应及时进行沟通协调。

（二）村民组织的管理如何科学化

从适应市场经济角度出发，村民组织现在多采用合作社的模式参与市场经济运作。合作社应对参与合作社的村民进行管理并承担市场主体责任，这样才能使村民与村民组织形成合力，共同为古茶树资源的产业发展和开发保护贡献力量。

（三）企事业单位的管理如何科学化

企事业单位作为古茶树资源开发、保护和利用的重要环节和参与者，应当加强法律法规培训及守法培训，同时加大科研投入力度，增加产品附加值，并积极参与诚信市场建设。

（四）村民个人的管理如何科学化

村民个人应主动增强守法、学法、懂法的意识，积极将自身管理经验与法律法规规定向结合，并不断积累自身管理经验。

（五）行业协会管理如何科学化

行业协会是一个产业发展壮大后的产物，其对协会内的会员单位具有约束力，

其发展也与地方经济发展相适应。以行业协会管理促进品牌发展、促进古茶树资源保护，能够充分调动会员单位的积极性，并规范产业行为，促进产业健康、良性发展。

二、我国以往的乡村治理经验概述

早在 20 世纪 60 年代，着眼于基层治理的"枫桥经验"就得到党和国家的大力推广。2003 年，习近平同志提出发展"枫桥经验"。现在我国处于全面建成小康社会的关键时期，如何进行乡村治理体系建设关系到广大乡村地区的长远发展和社会和谐，关系到我国全面建成小康社会的成败。

我国宪法将村民委员会确定为基层群众自治组织。基层群众自治组织的基本职能包含以下内容：第一，宣传宪法、法律、法规和国家政策，维护居民的合法权益，教育居民履行依法应尽的义务；第二，办理本地区居民的公共事务和公益事业；第三，调解本地区内的民间纠纷；第四，协助维护社会治安；第五，协助人民政府或者其他的派出机关做好与居民利益有关的公共卫生、计划生育、优抚救济、青少年教育等工作；第六，向人民政府或者其他的派出机关反映居民的意见、要求和提出建议；第七，其他应当承担的职能。乡村作为我国最基层的群众单位，其组织形式属于基层群众自治组织，其承载的职能关系着社会的稳定与发展。

我国拥有几千年的农耕文明史，乡土中国模式在中国乡村具有根深蒂固的影响力，千百年来依靠族长、乡绅治理的模式在中国乡村这片土壤上得到了传承和发展。上述治理可以总结为两个方面，依靠族长治理的模式属于自治范畴，即在以血缘为纽带的宗族中，族长为宗族事务的决断者，宗族内部事务均在内部解决，形成一种自治模式；依靠乡绅治理的模式属于德治范畴，只有有德行的乡绅阶层，才能对乡村内部事务进行决断，而事务的纠纷双方也会因决断者是有德行之人而认可并遵守其决断结果，因此形成一种德治模式。虽然宗族和乡绅已经远离了当今社会，但是自治和德治在中国乡村仍然发挥着举足轻重的作用。国家要全面建成小康社会，就要在尊重历史、尊重习惯的同时，加快脚步建设现代模式的乡村治理体系。在依法治国的背景下，乡村治理体系新模式体现为以法治为基础，以自治为目标，以德治为有效补充的治理模式。

"枫桥经验"是在中华人民共和国成立后，在国家治理探索初期阶段总结和提炼出的一套行之有效的基层治理方式。"枫桥经验"的总结和提炼，不仅为我国基层治理提供了有益的借鉴和成功的范例，还为国家治理提供了行之有效的思路和方法。就当今世界形势而言，村民自治正在逐渐成为国家治理的重要环节，世界各国均在探索适合本国发展的村民自治治理之路，力求将法治化和村民自治紧密结合，拓展国家治理领域范畴，切实提升社会治理的高效性、公平性和便捷性。习近平新时代中国特色社会主义思想，强调推进国家治理体系和治理能力的现代化。这一思想的提出，无疑为我国进行新的乡村治理体系建设提供了坚实的理论基础和思想保障，为新时代推进"枫桥经验"、创新"枫桥经验"创造了良好的条件。

三、德治、法治、人治的关系

习近平新时代中国特色社会主义思想指导下的乡村治理新模式，就是指在坚持依法治国、建设社会主义法治国家的总目标基础上，推进国家治理体系和治理能力的现代化。具体是指在乡村治理过程中要时刻保持以法治为基础，将治理行为和治理活动落实到法治基础上，做到每项治理活动均有法可依，加快有关乡村治理法律法规的立法工作，切实将法治落实到乡村治理工作的每个环节。充分尊重宪法赋予乡村的自治权利，构建乡村贤能选拔推荐制度，任贤任能，使德治落实到乡村治理的每个环节。

（一）以法治为基础

法治是现代社会有序运行的基石，是构建社会主义和谐社会的保障。乡村治理的新模式，是在中国共产党领导下推进国家治理体系和治理能力现代化的积极探索，是在建设社会主义法治国家的基础上进行的，所以乡村治理亦应以法治为基础。以法治为基础包含两个方面的内容：一是法治建设需要深入乡村治理的每个环节当中。加快法治建设，既是建设法治国家的需要，也是社会有序运行的需要。只有法治越发趋于完善，社会运行才能越有章可循。二是法治建设要协调好国家政权机关和村民自治组织之间的权力范围，要尊重宪法赋予基层群众自治组织的权利。

（二）以自治为目标

"枫桥经验"的推广和总结，为乡村自治提供了宝贵的经验。乡村自治是我国宪法赋予基层群众自治组织的权利，我国对于乡村地区设置了集体经济模式，集体经济模式这一经济基础决定了乡村治理需要采用自治模式这一上层建筑。但是乡村自治并不是意味着完全无约束式的自治，乡村自治要建立在依法自治的基础上，也就是说从自治的范围界限来看，乡村自治需要以法律划定的自治范围或者说是法律留出的自治空间为界限，不可超越范围进行自治；从自治的纵深程度来看，乡村自治更多地体现为管理基层组织内部事务，调解纠纷，协助政府机关进行管理等事项，属于表层的或者说是初级的自治管理，对于严重的民事纠纷、刑事案件或者其他需要由国家机关进行管理的事务，仍然需要由有权机关进行管理；从自治的效果来看，乡村自治着眼于纠纷的预防和调解以及对不符合社会规约行为的教育和矫正工作，对于矛盾纠纷的终局决断仍需提交国家有权机关进行。为应对上述乡村自治存在的不足，需要有针对性地寻找解决办法，最终使乡村自治切实发挥实效，最终实现乡村自治目标。

（三）以德治为有效补充

在我国悠久的历史中，以德服人、施行德治是一个时代积极向上的表现。虽然我国已经从半殖民地半封建的旧社会，变成了今天大力建设的社会主义社会，但是在广大乡村，德治的文化基础依然浓厚，甚至在边远地区，德治的影响力要远高于法治。因为法治具有刚性要求的属性，而我国广大乡村的历史传统对治理模式多采用协商的形式，这就要求在推进法治治理的同时，要创造一种具有柔性特征的治理模式来配合刚性的法治治理模式。而德治因其出发点和目的均是维护公平正义，却又以一种和谐教育、说理沟通的手段达到治理目的，所以其恰恰具有柔性治理的特征。德治强调的是以具有较高德行的人对事务进行道德评判和管理，以期达到化解纠纷的目的，而不以更高的身份地位强压纠纷双方妥协退让。但此类治理需要在基层群众组织范围内选拔出纠纷双方均认可的具有较高德行且公平公正的人。然而现实的情况是，虽然选拔道德楷模等形式为德治的推广起到了良好的促进作用，但很难逃离宗族族长以长辈身份强压纠纷双方的情况，所以德治模式应采取的是一种为多数人所接受的治理体系，而非寄希望于某些依靠个人素质进行纠纷处理的个人。

四、乡村治理新模式面临的困难

乡村治理本就是国家治理体系工作的重点和难点，在乡村治理中想要做到法治、自治、德治相结合，面临诸多困难。

（一）有关乡村治理的法律法规不健全，无法为乡村治理提供更有效的法律依据

乡村属于基层群众自治组织，而我国关于基层群众自治组织的有关法律法规仅限于《村民委员会组织法》《城市居民委员会组织法》和相应的选举法等基础性法律，而对于基层组织的运行并无太多法律约束，正因为法律法规的不健全，乡村自治往往流于形式。

（二）法律的管辖范围与乡村自治范围容易发生冲突或疏漏

法治是社会稳定发展的保证，但是法治的发展并不意味着不需要乡村自治，而是法治和乡村自治应该达到互相促进的目的。现实中，法律管辖的范围往往与乡村自治范围发生冲突或者疏漏管辖。若发生冲突，则无法充分发挥乡村自治的主动性和积极性，若发生疏漏，则容易滋生腐败。所以乡村自治是在法律规定下的自治，是在法律允许范围内的自治，超过这一范围的自治属于违法行为。

（三）行政权力过多干预乡村自治事务

国家运行需要行政机关积极履行相应职责，但是部分行政机构从便于管理的角度出发，运用行政手段过多参与乡村自治事务，将本应由乡村自治的事项设定为行政机构审批或直接将权力收归行政机构，这样不仅无法使乡村自治真正落实，还会降低行政效率，影响国家治理体系和治理能力的现代化。

（四）村内宗族势力的干预

乡村自治需要由基层群众自治组织，也就是村民委员会牵头落实，村民委员会组成人员由具有选举资格的全体村民选举产生。但是因为在广大乡村，多数村落是由较大的宗族及其他家庭聚居而成，而宗族势力在乡村处于绝对强势地位，这样就可能造成村民委员会的选举由较大的宗族势力控制的情况，最终会导致选举结果不以能力、德行为考量标准，而是以是否得到宗族支持为考量标准，难免会造成乡村治理被宗族势力把控的局面。

（五）德治的强制效力无法得到保障

德治这一具有柔性特征的治理方式，在多数矛盾的调解中可以得到良好的效果，但是良好效果的达成是建立在矛盾双方或被治理对象遵守德治治理结果的基础之上，若有任意一方不认可或不遵守德治治理结果，就会导致德治失去意义，且单纯地违反德治治理，违反者并不一定会遭受实体制裁，而仅仅承受道德谴责。违背德治治理的成本较低，德治治理没有强制力作为保障，大大降低了德治在乡村治理中的应用程度和效果。

（六）村规民约的法律效力问题

我国《村民委员会组织法》规定在法律授权允许的范围内，村民可以制定村规民约，但是村规民约要配合法律的执行，也就是说村规民约更多是用来指导村民如何遵守法律法规，如何在法律法规范围内进行乡村自治和个人行为的规定。现阶段，村规民约并未很好地发挥乡村治理的功效，并没有有效地将矛盾解决在萌芽阶段、解决在基层。

五、"习近平新时代中国特色社会主义思想"指导下的乡村治理新模式的重大意义

（一）符合宪法对于权力属于人民、基层自治、人民民主专政的规定

我国《宪法》第一条规定："中华人民共和国是工人阶级领导的、以工农联盟为基础的人民民主专政的社会主义国家。"人民民主专政包含三个方面的内容，第一，人民民主专政的基础是工农联盟，而我国最大的工农联盟主体就生存于基层乡村当中，所以进行好乡村治理工作，对于维护工农联盟基础有着巨大的作用；第二，人民民主专政强调的是民主形式，而民主是需要法律来进行约束和维护的，没有脱离了规则的民主，所以我们需要进行社会主义法治国家建设，以此来维护和促进社会主义民主的发展和传播；第三，人民民主专政是人民的专政，是民主形式的专政，因为我国民主的基础在乡村，所以提高乡村治理水平和治理能力，切实加强乡村治理，探索乡村治理新模式也是宪法的内在要求。

《宪法》第二条规定："人民依照法律规定，通过各种途径和形式，管理国家事务，管理经济和文化事业，管理社会事务。"人民享有对社会、国家的管理、治理权力，这种权力正是我国宪法规定的中华人民共和国的一切权力属于人民的体现。这种对社会、国家进行治理的权力是自下而上形成的，这是因为广大人民群众形成了国家的基础，国家的形成以及国家机关的组成均是以人民群众为基础前提的。在此基础上，逐渐形成了一套由基层至中央的国家治理结构。当国家治理结构完善后，人民群众又通过法律规定的权力行使方式，也就是人民代表大会制度，来行使治理国家、社会的权力。所以，我国治理国家、社会的权力来源于人民群众，也由人民群众行使。

《宪法》第一百一十一条规定："城市和农村按居民居住地区设立的居民委员会或者村民委员会是基层群众性自治组织。"我国在广大乡村地区实行集体所有制的经济形式，集体所有制决定了在集体范围内实行自治的上层治理模式。我国基层政权组织设立至乡镇一级，对于基层乡村的治理，除严格按照国家有关法律规定进行治理外，还需要乡村在遵守国家法律规定的前提下进行自治，并配合政府机关进行日常治理。从经济基础、政权机构设置以及宪法规定的角度来看，乡村自治是符合我国国情、符合宪法法律规定、适应当前国家治理思路的一种治理模式。

（二）顺应了当今新时代乡村治理以及国家治理的发展趋势

我国正处于全面建成小康社会的关键时期，构建社会主义和谐社会，使人民群众生活富足，使社会安定团结是这一时期的奋斗目标。习近平新时代中国特色社会主义思想指导下的乡村治理新模式强调自治、法治、德治三者有机结合，法治是基础，自治是目标，德治作为有效补充并全程融入乡村治理当中。

乡村治理新模式，能够有效地提升乡村治理水平，法治的基础化，能够提高乡村人民懂法、守法、利用法律思维和途径解决问题的能力，有助于法治社会的建设。乡村自治的逐步实现，有助于第一时间解决基层群众组织内部问题，有助于乡村社会治安、综合治理的稳步推进，有助于集中基层群众组织内部力量进行建设。德治应贯穿于乡村治理的始终，融入乡村治理的制度建设当中。以一种具有德治内涵的治理制度对乡村进行治理，既符合我国乡村千百年来乡土中国的治理模式，使治理在一定程度上具备"柔性"的特征，又使得治理有章可循、有规可依。

乡村治理新模式，能够切实提高国家治理的效率和成效。以法治作为乡村治理的基础，符合国家依法治国、建设社会主义法治国家的目标，能够将乡村治理充分融入国家法治建设、依法治理社会的工作当中。推进乡村治理的自治化进程，有助于维护集体所有制经济制度，有助于将基层矛盾进行迅速分解，将可调解的矛盾第一时间进行化解，有助于维护社会稳定。推进德治融入乡村治理的过程，有助于将法治治理这一刚性治理模式与具有柔性属性的德治治理有机结合，形成一种易于基层群众接受的治理方式。同时，将德治融入乡村日常治理当中，能够提高治理效率，有效化解矛盾，因道德要求高于法律要求，所以德治的有效实施，能够显著提升社会治理水平。

（三）切实有效地提升国家治理体系以及治理能力的现代化水平

国家治理体系需要随着社会的发展而不断改变，现阶段我国乡村经济不断得到发展与振兴，基层群众综合素质不断得到提高。乡村治理作为国家治理体系中的基层治理部分，其治理水平及治理能力直接影响国家治理体系的建设。在乡村治理中推行习近平新时代中国特色社会主义思想指导下的自治、法治、德治相结合的乡村治理新模式，可以有效地调动乡村各方面的积极性，有效地增强基层政府机关与基层群众自治组织之间的联动性，有效促进法治社会建设和德治建设的有效融合。法治的推行和建设，有利于在乡村治理中树立法治观念，有利于法律在国家治理体系纵深层面的施行，并与建设法治国家的进程保持一致。德治在国家治理体系内的渗透，特别是在乡村治理体系内的渗透，无疑会给刚性的治理方式增添柔性特征，会使被治理者容易接受并自愿遵行，有利于提升乡村治理能力。自治是乡村治理的目标，良好的乡村治理状态一定是高度自治。但自治又与法治和德治紧密联系，法治划定了自治的范围和方式，德治促进了法治和自治的推行，自治又是法治得到贯彻发扬的具体表现。

（四）有利于配合自上而下建立法治社会的政策，形成自下而上地建设法治社会的模式，建设社会主义法治国家

推进习近平新时代中国特色社会主义思想指导下的自治、法治、德治相结合的乡村治理新模式，是全面推进依法治国总目标，建设社会主义法治国家的组成部分。社会主义法治国家建设，需要举全国之力进行，既要有自上而下的政策保障，又要有自下而上的贯彻执行。乡村治理需要牢固树立法治思想，切实做到依法治理。同时，在社会关系以宗族关系为主的广大乡村，要重视德治的治理能力及作

用，将德治融入乡村治理工作当中，以法治为基础，以德治为手段，形成内紧外松、内硬外软的治理手段。只有以法治为基础，才会使乡村自治在法治的道路上一直前进，只有以德治为手段，才能使乡村自治在法治的道路上顺利化解矛盾纠纷及各方面阻力。只有将自治、法治、德治相结合，才能使乡村治理在法治的道路上顺利前行，进而形成自下而上建设社会主义法治国家的风气，使法治建设得到自下而上的贯彻落实。

六、乡村治理新模式的实现路径

（一）推进基层法治建设及宣传

要推进基层法治建设与宣传，就要认清现在面临的问题：第一，基层群众学法、懂法、守法意识相对淡薄；第二，立法建设本身存在相对滞后性，无法对新出现的社会普遍问题进行及时反馈和解决；第三，法律法规的贯彻落实不到位，使得法律权威大打折扣。

要解决上述问题，就要从以下几点着手：第一，加强对基层人民群众的法治宣传，将每个公民都有守法的义务以及违法需要承担法律责任，遭受法律制裁进行示明；第二，加快立法建设，利用多种渠道以及法律解释手段，对新出现的社会问题及时作出反应，不能使人民群众对法律规定产生有规定空白空间的错觉；第三，切实贯彻落实法律法规规定的权利义务，对于守法行为进行鼓励，对于违法行为进行坚决惩处，用实际行动表明遵纪守法的重要性。

（二）切实维护基层自治的推行

基层自治模式，是我国宪法对基层管理模式进行的规定，具有基础性的特点。但是现实中基层自治时常受到约束，无法真正发挥基层自治的优势，现实中制约基层自治的因素存在于以下几个方面：第一，广大乡村居民没有认识到乡村自治对于其自身的重要性；第二，行政权力往往将乡村自治架空，导致行政权力蔓延至乡村治理的方方面面；第三，部分地区行政权力怠于对乡村事务进行管理，导致乡村自治组织无法较好地协调各方事项，无法实现对乡村的自治管理。

针对乡村基层自治中存在的问题，应从以下几个方面进行解决：第一，提高乡村居民的公民意识，使其树立集体利益高于个人利益的观念，切实维护乡村自治制度；第二，利用法律手段限制行政权力的边界，避免行政权力过分干预乡村自治事项的发生，同时，还应对行政权力怠于进行管理的行为进行规制，避免懒政的发生；第三，切实维护乡村基层选举的公平公正，避免选举被人为操纵或把持。

（三）加强和完善基层基础建设，重视软实力的培养和运用

要实现习近平新时代中国特色社会主义思想指导下的乡村治理新模式，在重视制度建设的同时，还应该重视管理能力和管理功能建设。同时，要高度重视软实力的培养，加大教育投入，加强人才队伍建设，重视新兴产业，充分利用互联网资源进行产业升级转型，全力提升辖区内居民整体素质，为时代变革和产业更新随时做好准备。

软实力的培养和运用并非一朝一夕，需要在乡村治理中投入大量的人力物力。要加大人才引进力度，继续进行"大学生村官"的选拔工作，加大招商引资力度，着重引进能将乡村优势转化成经济优势的产业，充分利用自然资源，合理开发自然资源，使乡村的绿水青山变成金山银山。

（四）创设矛盾纠纷提前介入调解机制

在乡村治理过程中，无法避免矛盾纠纷的产生，这也是任何社会形态、任何社会发展阶段均无法避免的情况。只要有经济活动就会有经济财产纠纷，只要有人的活动，就会有人身权纠纷。发生纠纷并不可怕，重要的是如何解决纠纷、化解矛盾，这是摆在制度设计者面前的问题。习近平新时代中国特色社会主义思想指导下的乡村治理新模式是"枫桥经验"的总结和发展，是21世纪进行乡村治理的重大尝试。在发生矛盾纠纷时，应将矛盾解决在最初阶段，这样才能对"枫桥经验"进行发展。在乡村自治过程中，创建矛盾纠纷提前介入调解机制，有助于及时解决矛盾纠纷，也有助于矛盾双方尽早解决问题，最大限度地降低损失。

（五）注重德治建设，将德治内容融入乡村治理当中

德治建设应融入乡村治理的每个环节当中，德治并不是孤立存在的一种治理方式，而是与其他治理方式共同存在的，以自身柔性的特征缓解其他治理方式过于刚性的特点，同时便于被治理者理解和支持，从而促进治理的顺利实施。

在乡村自治过程中，尽管乡村自治组织无权对违反法律规定的行为进行处罚，乡村自治组织仍可利用德治这一鼓励良好德行的治理方式，在辖区内设置奖励办法和标准，以此来鼓励辖区内居民从事遵守法律规定，符合道德标准的行为。

（六）拓宽信息共享及管理渠道，利用互联网实现远距离面对面沟通交流

在新时期，信息的迅捷与否往往能够直接影响一个产业的兴衰，进行乡村治理模式探索最终是要使乡村得到良好的发展，共同实现小康生活。乡村治理中的治理不仅指治理手段和行为，还指促进乡村发展的方式与方法。在乡村治理活动中，不仅要发动广大群众积极参与，还应当拓宽信息来源渠道，使辖区内居民能够第一时间得到有关信息，也使辖区内居民所反映的情况能够第一时间得到落实和解决。专业性过强的事项，可以利用互联网，聘请专业人士进行讲解，这样不仅使问题第一时间得到解决，还能得到比较权威的答复。

（七）注重村规民约的制定和运用

村规民约在我国法律法规当中没有得到明确规定，但是我国法律允许乡村自治组织在符合法律规定的前提下制定村规民约。村规民约从一定程度上说是自治、法治、德治的共同体现。村规民约的制定要以法律法规为基础，不能有违背法律法规规定的事项；村规民约是在法律允许的范围内由村民自治组织自行制定的规范；村规民约表现为道德上的约束力，其并不具备法律约束力，也不具备类似违反法律所受的制裁措施。村规民约因其具有德治属性，其要求至少高于法律规定，所以村规民约至少能够反映法律的基本要求，同时因其是村民自治组织制定，具有典型的乡村自治特征。所以，注重村规民约的制定和运用，有利于推进自治、法治、德治相结合的乡村治理新模式。

七、乡村治理新模式实现的保障体系构建

（一）保障体系应遵循的基本原则

习近平新时代中国特色社会主义思想指导下的乡村治理新模式的实现，离不开法律的保驾护航。只有基于完善的法律制度，才能推进依法治国建设，才能维护乡村自治模式，才能积极探索自治、法治、德治相结合的乡村治理新模式。所以法治原则是贯穿习近平新时代中国特色社会主义思想指导下的乡村治理新模式的基本原则和保障体系。

（二）法治保障体系

首先，需要构建强制性法律保障制度。对于乡村治理新模式，必须以明确的法律规定加以保障，切实将乡村治理的边界和范围以法律的形式进行规定，对国家行政机关和乡村自治组织之间的权利义务管理加以明确，对乡村治理中的治理途径和方式进行规定，对村民关心的重大事项均以法律法规的形式加以明确。

其次，需要构建畅通的法律救济途径。对于在乡村治理过程中发现违法问题或个人合法权益受到不法侵害的情况，要构建畅通的法律救济途径，使违法行为无处可逃，使每一个人的合法权益都能得到切实维护，使每一个问题都能找到解决途径并得到解决。

再次，需要加强法律法规的引导作用。立法部门应加强针对乡村治理的专门立法，对于权利义务关系，应对程序性法律等内容进行细致研究，注重法律法规对遵守法律行为的引导作用。

最后，完善责任追究制度。对破坏法治以及乡村自治的行为，一定要以法律的形式明确追责方式以及违法者所要承担的法律责任。杜绝无法可依、执法不严的现象发生，切实做到有法可依、有法必依、执法必严、违法必究。

第三节　乡村治理经验对普洱市古茶树资源实现科学管护的借鉴意义

"枫桥经验"是多年来我国基层治理不断探索形成的模式，也是基层治理经验的总结。其特点是注重基层的自治，将基层矛盾和纠纷在基层解决。普洱古茶树资源保护相关法律法规是对古茶树资源保护的积极探索和实践，虽然是以法律形式进行的治理，但基层的贯彻落实才是法律实际的执行和发挥作用的重要保障。

一、"枫桥经验"的特点与古茶树资源法律规制管理的特点

（一）"枫桥经验"注重基层自治，注重矛盾的调处和治理

枫桥经验之于当今社会最重要的贡献是开创了一种基层治理的模式，强调基层

自治，将矛盾和纠纷在基层进行化解。通过不断的发展和完善，当代社会赋予了"枫桥经验"更多的内涵。"枫桥经验"不仅是在社会的基层治理过程中发挥解决和化解矛盾的功能，更起到了基层治理的作用。按照相关政策、法规等制定的村规民约，不仅能够贯彻落实相关政策，也能将法律的规定以一种通俗易懂的方式加以规范和宣传，更能发挥基层的主观能动性，根据基层实际情况进行治理。

（二）古茶树资源法律规制管理注重资源的保护与开发

《普洱市古茶树资源保护条例》是普洱市针对古茶树资源出台的第一部地方性法规，它是在国家扩大地方立法权后，古茶树资源得到快速开发和利用，面对无序的开发利用，急需得到法律的规制的背景下出台的。《普洱市古茶树资源保护条例》的颁布实施，从一定程度上限制了当下对古茶树资源的开发和利用，但这种限制是建立在科学利用的基础上的，对于古茶树资源的开发利用，必须以科学的方式，以一种循环利用的方式进行。《普洱市古茶树资源保护条例》是从保护与开发利用协调发展的角度出发，既强调对古茶树资源进行保护，又强调在合理限度内进行有序开发。

二、"枫桥经验"对于古茶树资源法律规制管理的借鉴和引入

虽然对古茶树资源的开发、利用和保护已有相关法律进行规定，但要想将法律的作用彻底发挥出来，就需要很多协助。"枫桥经验"对基层的治理，正好能为古茶树资源保护相关法律法规提供治理途径和方式，为法律的落地实施提供有益的帮助。

（一）法治基础

以法律规定和"枫桥经验"相结合的模式对古茶树资源进行管理，首先要确保以法治为基础。只有以法治为出发点，以法治作为各项工作的基础，才能正确行使管理职能，才能正确分清权利义务，才能在法律框架下进行管理。法律实施必须以法治为基础，这是毋庸置疑的。"枫桥经验"的管理方式亦应当在法治基础上施行，只有在法治基础上的"枫桥经验"才是社会主义国家新时代的治理方式，才是依法治国的有力体现。

（二）自治目标

我国作为社会主义国家的最终目标是建设共产主义社会，达到人人自律、人人守法的状态。在实现这个目标的过程中，要始终坚持以法治为基础，尊重我国的集体经济，逐步实现自治。自治的实现，当以法治为基础，对于古茶树资源保护来讲，自治能够为古茶树资源的保护工作提供强有力的支撑，能够为法律的实现提供一条更加便捷的途径。

（三）德治补充

在进行法律治理和自治治理的同时，需要采用"德治"的方式进行补充。我国自古是礼仪之邦，以德服人是我国的传统美德。法律的强制性实行有时需要做好前期的宣传和准备工作，自治在一定范围内也体现出了强制力的作用。但强制力的实现会造成一些人的反对，甚至出现违法行为。为了避免一味采用强制力进行治理，将德治作为补充治理方式就显得尤为重要。

附　　录

普洱市古茶树资源保护条例

（2017 年 12 月 20 日普洱市第三届人民代表大会常务委员会第三十六次会议通过，2018 年 3 月 31 日云南省第十三届人民代表大会常务委员会第二次会议批准，自 2018 年 7 月 1 日起施行）

第一章　总　则

第一条　为了加强古茶树资源保护，规范古茶树资源管理和开发利用活动，根据有关法律、法规，结合本市实际，制定本条例。

第二条　在本市行政区域内从事古茶树资源保护、管理和开发利用等活动，应当遵守本条例。

第三条　本条例所称古茶树是指本市行政区域内的野生型茶树、过渡型茶树和树龄在一百年以上的栽培型茶树；古茶树资源是指古茶树，以及由古茶树和其他物种、环境形成的古茶园、古茶林、野生茶树群落等。

栽培型古茶树由市林业行政部门组织专家鉴定后予以确认并向社会公布，也可以由所有者向市林业行政部门提出申请后进行认定。

第四条　古茶树资源的保护、管理和开发利用应当遵循保护优先、管理科学、开发利用合理的原则，并兼顾文化传承和品牌培育的全面发展。

第五条　市、县（区）人民政府应当将古茶树资源保护纳入国民经济和社会发展总体规划，经费列入年度财政预算，建立古茶树资源保护补偿、激励机制。

第六条　市、县（区）林业行政部门负责古茶树资源的保护、管理、开发利用工作。

市、县（区）农业、茶业、发展改革、公安、财政、国土资源、环境保护、住房城乡建设、文化、旅游、市场监管等部门，按照各自职责做好古茶树资源保护工作。

乡（镇）人民政府依法做好本行政区域内古茶树资源保护工作。

第七条　古茶树资源所有者、管理者、经营者应当依法履行古茶树资源保护义务。

公民、法人和其他组织有权对破坏古茶树资源及其保护设施的行为进行举报。

第八条　市人民政府可以按照国家规定设立普洱茶节，举办综合节庆活动，促进古茶树资源保护、管理和开发利用。

鼓励公民、法人和其他组织参加普洱茶节节庆活动，开展古茶树资源保护宣传、茶产品交易、茶文化交流和相关学术研讨活动。

第二章　保护与管理

第九条　市、县（区）林业行政部门应当会同农业、茶业等部门编制本行政区域内古茶树资源保护专项规划，经同级人民政府批准后实施。

第十条　市、县（区）林业行政部门应当制定古茶树资源普查方案，组织对古茶树资源进行普查，建立资源档案，并向社会公布。

古茶树资源普查每 10 年开展一次。

第十一条　古茶树资源实行名录管理和分类保护。古茶树资源保护名录由县（区）林业行政部门编制，报同级人民政府批准后向社会公布。县（区）林业行政部门应当根据古茶树资源普查成果及时更新保护名录。

对古茶园、古茶林、野生茶树群落，县（区）人民政府应当建立保护区，划定保护范围，并设立保护标志。

对零星分布的古茶树，县（区）林业行政部门应当建立台账，划定保护范围，设立保护标志，实行挂牌保护。

第十二条　市人民政府应当建立古茶树资源数据库。

县（区）人民政府应当组建古茶树种质资源库、古茶树实物库等初级数据库。

鼓励、支持科研机构和教学单位建立古茶树种质资源繁育基地、基因库，开展种质资源科学研究。

第十三条　县（区）人民政府应当建立古茶树资源动态监控监测体系和古茶树生长状况预警机制，并根据监控监测情况有效保护和改善古茶树资源保护范围内生态环境。

第十四条　市、县（区）林业行政部门应当制定野生型、过渡型古茶树管护技术规范，农业行政部门制定栽培型古茶树管护技术规范，开展古茶树管护技术培训和指导，监督古茶树资源所有者、管理者、经营者施用生物有机肥，采用绿色（综合）防控技术防治病虫草害。

古茶树资源所有者、管理者、经营者应当按照技术规范对古茶树进行科学管理、养护和鲜叶采摘。对过渡型、栽培型古茶树应当采取夏茶留养的采养方式，每年的六至八月不得进行鲜叶采摘。

第十五条　单位或者个人在古茶树资源保护范围内依法建设建筑物、构筑物或者其他工程，在进行项目规划、设计、施工时，应当对古茶树资源采取避让或者保护措施。

第十六条　古茶树资源保护范围内禁止下列行为：

（一）擅自采伐、损毁、移植古茶树或者其他林木、植被；

（二）擅自取土、采矿、采石、采砂，爆破、钻探、挖掘，开垦、烧荒；

（三）排放、倾倒、填埋不符合国家、省、市规定标准的废气、废水、固体废物和其他有毒有害物质；

（四）施用有害于古茶树生长或者品质的化肥、化学农药、生长调节剂；

（五）种植对古茶树生长或者品质有不良影响的植物；

（六）伪造、破坏或者擅自移动保护标志、挂牌；

（七）其他危害古茶树资源或者影响古茶树生存环境的行为。

第三章 开发与利用

第十七条 古茶树资源的开发与利用，应当符合古茶树资源保护专项规划。

市、县（区）人民政府可以根据法律、法规及国家相关政策，制定扶持古茶树资源开发利用的优惠政策和具体措施。

第十八条 市、县（区）人民政府应当引导茶叶专业合作机构规范发展，统一古茶树产品生产标准，进行质量控制，提升产品质量和水平。

鼓励和支持茶叶生产企业强化产业融合，打造古茶树产品品牌，争创各级各类名牌产品；对具有特定自然生态环境和历史人文因素的古茶树产品，申请茶叶地理标志产品保护。

第十九条 利用古茶树资源开发旅游景区、景点，确定旅游线路，旅游行政部门应当组织专家进行科学论证，听取林业行政部门的意见，依法办理审批手续，并根据环境承载能力，严格控制资源利用强度和游客人数。

第二十条 市、县（区）文化、旅游、茶业等部门，应当挖掘、整理、传播茶文化，开发茶文化旅游，开展茶文化展示、宣传、推介和对外交流活动。

鼓励公民、法人和其他组织依法成立各类茶文化促进组织，支持社会组织依法开展茶事、茶艺和茶文化展示、交流活动。

第四章 服务与监督

第二十一条 市、县（区）人民政府应当组织对古茶树资源保护专项规划的实施情况进行检查、监督和评估，并加强古茶树资源保护管理基础设施建设，有计划地迁出影响古茶树资源安全的建筑物、构筑物。

第二十二条 市、县（区）市场监管行政部门应当会同林业、农业、茶业等部门建立古茶树原产地品牌保护和产品质量可追溯体系。

第二十三条 市、县（区）林业行政部门在开展古茶树资源保护、管理、开发利用等活动时，涉及古茶树树龄认定等专业性问题应当组织专家论证、评估、鉴定。

利害关系人对评估、鉴定意见有异议的，可以向林业行政部门申请重新评估、鉴定。

第二十四条　市、县（区）人民政府应当建立古茶树资源保护综合信息平台。

市、县（区）企业征信、社会信用管理部门应当将古茶树资源生产、销售者的产品质量、环保信用评价、地理标志产品专用标志使用等情况纳入信用信息管理系统。

第二十五条　市、县（区）林业行政部门应当增强服务意识，公正、文明执法，不断提升服务质量和水平，并建立便民服务制度和古茶树资源管理违法行为举报、投诉制度。

第五章　法律责任

第二十六条　违反本条例第十四条第二款规定的，由县（区）林业行政部门责令停止违法行为，并处 200 元以上 1 000 元以下罚款。

第二十七条　违反本条例第十六条规定的，由县（区）林业行政部门责令停止违法行为，并按照下列规定予以处罚；构成犯罪的，依法追究刑事责任：

（一）违反第一项规定的，没收违法所得，涉及古茶树的，每株并处 6 000 元以上 3 万元以下罚款，其他林木、植被并处其价值 5 倍以上 10 倍以下罚款。

（二）违反第二项、第三项规定的，责令限期恢复原状或者采取补救措施，并处 600 元以上 3 000 元以下罚款；情节严重的，处 3 000 元以上 1 万元以下罚款。

（三）违反第四项规定的，处 200 元以上 1 000 元以下罚款。

（四）违反第五项规定的，责令限期改正，恢复原状，并处 200 元以上 1 000 元以下罚款。

（五）违反第六项规定的，责令限期恢复，并处 200 元以上 1 000 元以下罚款。

第二十八条　市、县（区）林业、农业、茶业等部门及其工作人员违反本条例规定，不履行法定职责，或者滥用职权、玩忽职守、徇私舞弊的，由所在单位或者上级行政机关责令改正，对直接负责的主管人员和其他直接责任人员依法给予处分；构成犯罪的，依法追究刑事责任。

第六章　附　则

第二十九条　自然保护区、国家公园、森林公园、城市规划区内的古茶树资源，依照相关法律、法规规定进行保护。

第三十条　本条例自 2018 年 7 月 1 日起施行。

中共普洱市委办公室　普洱市人民政府办公室　关于进一步加强景迈山古茶林和传统村落保护管理工作的通知

普办通〔2017〕9 号

各县（区）党委和人民政府，市委和市级国家机关各部委办局，各人民团体，各企事业单位，中央、省驻普各单位：

为进一步加强景迈山古茶林和传统村落保护管理工作，打牢普洱景迈山古茶林申报世界文化遗产的坚实基础，现就有关事宜通知如下。

一、充分认识保护管理工作的重要性和紧迫性

普洱景迈山古茶林是全国重点文物保护单位、中国世界文化遗产预备名单、全球重要农业文化遗产，遗产核心区内的 10 个自然村寨中有 9 个是中国传统村落，做好景迈山古茶林和传统村落保护管理工作是申报世界文化遗产的前提和基础。目前，景迈山古茶林核心区和缓冲区内均不同程度地存在违规违章建筑物和构筑物，破坏了传统村落整体风貌和文化遗产的真实性、完整性，其突出的普遍价值受到严重威胁。因此，采取强力措施加强景迈山古茶林和传统村落的保护管理刻不容缓。

二、保护管理工作的指导思想和目标任务

以习近平总书记系列重要讲话和考察云南重要讲话精神以及市第四次党代会精神为指导，坚持"保护是申报世界文化遗产的基础，成功申报世界文化遗产是为了更好地保护"的理念，全力保护管理好景迈山古茶林文化遗产的真实性、完整性和突出普遍价值，力争早日将景迈山古茶林成功申报为世界文化遗产。

三、保护管理工作的原则和重点

（一）工作原则

规划先行原则。根据保护管理工作的目标要求，澜沧县要组织编制好景迈山古茶林和传统村落保护管理工作的总体规划以及具体项目规划的衔接，并严格依据规划开展工作，避免无章无序建设。

依法监管原则。成立联合执法组，以文物、森林、环境、国土、消防等多方面法律法规为执法基础，并不断建立健全地方性法规，严格进行监管。

社会共治原则。要通过广泛深入的宣传动员，取得遗产地群众和利益相关者对景迈山古茶林和传统村落保护管理工作的支持配合，形成政府主导、村组管理、社会参与、群众支持的共同保护治理的良好局面。

分级负责原则。进一步明确领导和指导责任在市，规划和保护管理责任在县；落实市、县各级各部门职责，合力推进遗产区、古茶林、古茶树保护管理工作。

（二）工作重点

1. 树立规划先行意识，加快编制出台保护管理规划。主动加强与国家文物局、省文物局以及规划编制方的沟通对接，尽快出台保护规划。澜沧县要提前谋划，规划出台后，立即着手为每一片古茶林、每一个传统村落、每一个项目、每一栋房屋建筑的规划建设制定细化方案，并严格按要求、按程序抓好规划审批工作，控好各类建设，确保村落风貌与自然环境协调统一。

责任部门：澜沧县人民政府

参与部门：市文体局（市申遗办）、普洱景迈山古茶园保护管理局、市住房城乡建设局、市规划局

2. 采取有效措施，切实加快推进项目建设。澜沧县要切实履行好项目属地管理主体责任，市级有关部门要履行好指导、督促、检查的责任，在保证工程质量的前提下，加快工程实施进度，加快资金审批支付进度，完善手续和文件档案资料，确保项目顺利通过国家文物局验收。同时，整合项目和资金，加快推进"四个中心"（管理中心、展示中心、监测中心、档案中心）建设，并依法履行报批程序。

责任部门：澜沧县人民政府

参与部门：市文体局（市申遗办）、普洱景迈山古茶园保护管理局、市财政局、市国土资源局、市住房城乡建设局、市规划局、市档案局

3. 强化消防意识，确保遗产区消防安全。不断提高各级各部门及遗产地群众对消防安全的意识，加快实施景迈山古茶林和传统村落消防工程建设，制定并细化消防安全实施方案，建立消防应急队伍，定期开展消防安全排查，采取最严格的措施，切实加强景迈山古茶林和传统村落消防安全，确保消防工作万无一失。

责任部门：澜沧县人民政府

参与部门：市公安消防支队、市文体局（市申遗办）、普洱景迈山古茶园保护管理局

4. 严格依法监管，不断加强行政执法力度。严格按照保护管理规划和文物、森林、环境、国土、消防等多方面法律法规，加大对传统村落、传统民居、古茶林、古树名木、交通水系、自然环境的保护管理。市级相关职能部门要加强指导协助，澜沧县要统筹各部门、各方面力量，成立联合执法工作组，开展常态化联合执法工作，坚决对违规违章违法行为进行及时处置，杜绝破坏遗产价值和环境风貌现象发生；指导遗产区村、组建立健全村规民约，调动基层群众的积极性，以便达到社会共治的目的。

责任部门：澜沧县人民政府

参与部门：市文体局（市申遗办）、普洱景迈山古茶园保护管理局、市国土资源局、市住房城乡建设局、市规划局、市环境保护局、市交通运输局、市农业局、市林业局、市水务局、市公安消防支队

5. 加强基础研究，不断完善申遗文本。要开展对茶资源和茶文化相对丰富的国内外地区进行对比考察研究，对各类茶及茶文化的特征、起源、发展及相关影响的历史进行全面梳理，准确阐述我国茶文化在世界范围内的影响力，确立景迈山古茶林文化遗产价值品牌在国际茶文化中的重要地位。要根据国家文物局关于景迈山古茶林申遗文本的审查意见，及时修改完善，不断提升文本质量。

责任部门：市文体局（市申遗办）

参与部门：普洱景迈山古茶园保护管理局、澜沧县人民政府、市政府研究室、市农业局、市茶叶和咖啡产业局

6. 创新宣传方式，提升宣传效能。针对不同文化层次及村组干部、茶农、商家、游客等宣传对象，注重从宣传内容、宣传形式、宣传方法、宣传重点方面开拓创新，让遗产保护的重大意义和核心内涵深入人心，达到自觉参与、主动保护、广泛支持、社会共治的良好社会氛围。要在市、县电视台设立"曝光频道"，在村组固定场所设立"曝光专栏"，及时对正面典型进行宣传表扬，对反面典型进行曝光批评。

责任部门：市委宣传部

参与部门：市文体局（市申遗办）、普洱景迈山古茶园保护管理局、澜沧县人民政府、市教育局、市旅游发展委、市新闻出版广电局

四、保护管理工作的保障措施

（一）加强组织领导

各级党委政府要进一步提高对景迈山古茶林保护管理工作重要性的认识，把保护管理工作作为重点工作，提上重要工作日程，主要领导亲自抓、分管领导具体抓，任务到人、责任到人，定期研究，及时解决存在的困难和问题，确保工作取得实效。

（二）加强队伍建设

配齐、配强工作人员，把业务精、能力强、能干事、会干事，尤其是善于同基层群众打交道的同志充实到工作队伍中来，确保工作队伍相对稳定、各项工作有序开展。要创造各种条件，加强对工作人员的教育培训，不断提升工作能力水平。

（三）加强资金保障

各级财政及市直各部门要积极支持遗产区传统村落、传统民居和环境风貌保护管理工作，整合资源，主动向上争取项目，为各项工作落实到位提供资金保障。

（四）加强技术指导

市级各有关部门要加强对景迈山古茶林和传统村落的各项规划、民居修缮、茶树保护、基础设施建设、资金管理使用、消防安全、环境风貌整治等方面的技术指导。

（五）加大督查考核力度

成立由市、县两级党委政府督查部门牵头，文体、规划、消防等部门组成的督查组，定期对景迈山古茶林特别是传统村落的保护管理工作进行专项督查，对不作为、慢作为、乱作为的进行严肃问责。市、县两级要将保护管理工作纳入有关部门工作的年度绩效考核。

中共普洱市委办公室
普洱市人民政府办公室
2017 年 3 月 6 日

普洱市申遗办关于进一步明确普洱景迈山古茶林申报
世界文化遗产工作职责的通知

普申遗办发〔2016〕1 号

普洱景迈山古茶林申报世界文化遗产工作领导小组各成员单位：

为加快推进普洱景迈山古茶林申报世界文化遗产工作，经普洱景迈山古茶林申报世界文化遗产工作领导小组研究，决定细化申遗工作职责，现将有关事项通知如下：

一、市申遗办工作职责

（一）负责市申遗领导小组日常工作，并组织做好遗产申报文本及保护管理规划编制等相关工作；

（二）负责协调联系工作，衔接好市级聘请的专家顾问团队；

（三）负责遗产地的文史资料征集、整理、展示和遗产监测等方案的审定工作；

（四）负责宣传报道、申遗简报、申遗网站维护工作；

（五）负责检查指导申遗资金的管理使用工作；

（六）负责督查申遗工作计划推进和落实情况。

二、澜沧县工作职责

（一）负责组织实施遗产区内传统村落保护、民居维修、消防安全、环境整治、基础设施建设及遗产监测等工作，并做好监测中心、管理中心、展示中心、档案中心的建设工作；

（二）负责拟定和完善遗产地相关保护管理规定；

（三）负责遗产地群众宣传教育和利益相关者的协调工作；

（四）负责遗产地日常巡查和执法督查工作。

普洱景迈山古茶林申报世界文化遗产

工作领导小组办公室

2016 年 3 月 23 日

澜沧拉祜族自治县古茶树保护规定

澜人发〔2007〕25 号

（2007 年 4 月 13 日县第十二届人大常委会第三十七次会议审议通过）

第一条　为加强古茶树资源的保护管理，根据《中华人民共和国民族区域自治法》、《中华人民共和国野生植物保护条例》及有关法律、法规，结合自治县实际，制定本规定。

第二条　本规定所称古茶树，是指分布于自治县境内百年以上野生型茶树、邦崴过渡型千年古茶树王、景迈芒景千年万亩古茶园及其他百年以上栽培型古茶树。

自治县境内的古茶树属国家所有。县内活动的经济组织或个人只有保护、管理和经营权。

第三条　古茶树的保护范围由自治县人民政府划定，明确四至界线，设立保护标志和保护设施。

第四条　对古茶树实行加强保护、合理利用的方针，促进生态效益、经济效益和社会效益协调发展。

第五条　自治县林业行政主管部门负责古茶树的保护管理工作，定期组织古茶树资源调查，建立档案，对有代表性的古茶树实行挂牌保护。

第六条　自治县工商、公安、国土资源、环保、农业、水利、旅游、交通、科技、教育、文化、广播电视等部门应当按照各自的职责，做好古茶树的保护管理工作。

古茶树所在地的乡（镇），村民委员会应当协同有关部门做好古茶树的保护管理工作。

第七条　自治县人民政府设立古茶树保护管理基金，专款专用。

资金主要来源为：

（一）县级财政拨款；

（二）社会捐赠和其他资金。

第八条　自治县人民政府及其有关部门应当开展保护古茶树的宣传教育工作，普及古茶树知识，提高公民保护古茶树的意识。

第九条　自治县人民政府鼓励各种经济组织和个人，投资开发利用古茶树资源。支持科研单位对古茶树进行科学研究。开发利用和经营管理古茶树资源的单位和个人，其合法权益受法律保护。

第十条　自治县的林业行政主管部门应当为茶农提供古茶树病虫害防治和分类管理等技术指导，作好相关服务工作。

第十一条　对寄生在景迈芒景古茶树上的特有"螃蟹脚"，实行单数年采摘，在双数年期间禁止采摘、收购、加工和出售。

第十二条　对在古茶树资源保护管理、科学研究和合理开发利用中作出显著成绩的单位和个人，由自治县人民政府给予表彰奖励。

第十三条　在古茶树保护范围内禁止下列行为：

（一）盗卖、移植古茶树；

（二）对古茶树折枝、挖根、剔剥树皮；

（三）盗伐树木、毁林开垦；

（四）搭棚、建房、挖沙，取土；

（五）猎捕野生动物；

（六）砍树取蜂、采摘果实、采集药材；

（七）丢弃废物、倾倒垃圾；

（八）毁坏古茶树保护标志和保护设施；

（九）其他破坏古茶树生存环境的行为。

第十四条　违反本规定有下列行为之一的，由自治县林业行政主管部门依照有关法律、法规进行处罚。

（一）盗卖、移植古茶树的；

（二）在双数年期间采摘、收购、加工、出售"螃蟹脚"药材的；

（三）盗伐林木、毁林开垦的；

（四）对古茶树折枝、挖根、剔剥树皮的；

（五）措捕野生动物的；

（六）砍树取蜂、采摘果实、采集药材的；

（七）毁坏保护标志和保护设施的。

第十五条　违反本规定有下列行为之一的，由自治县有关部门按有关规定给予处理。

（一）搭棚、建房的，由自治县建设行政主管部门责令其拆除；

（二）挖沙、取土的，由自治县土地行政主管部门予以处罚，责令赔偿损失；

（三）丢弃废物、倾倒垃圾的，由自治县环境行政主管部门责令其改正。

第十六条　当事人对行政处罚决定不服的，可以依法申请行政复议，也可以提起行政诉讼。

第十七条　自治县林业行政主管部门及其他有关部门的工作人员，滥用职权、玩忽职守、徇私舞弊的，按有关规定给予行政处分；构成犯罪的，依法追究刑事责任。

第十八条　本规定自通过之日起施行。

第十九条　本规定由自治县人民代表大会常务委员会负责解释。

澜沧拉祜族自治县人大常务委员会

二〇〇七年五月十四日

澜沧拉祜族自治县人大常委会关于保护
景迈芒景古村落的决定

澜人发〔2009〕29 号

(2009 年 7 月 24 日县第十三届人大常委会第十次会议审议通过)

第一条 为加强对景迈、芒景古村落的保护，促进景迈、芒景古村落的和谐发展，根据国务院关于《历史文化名城名镇名村保护条例》等有关法律法规，制定本决定。

第二条 景迈、芒景古村落是指惠民哈尼族乡景迈、芒景村民委员会辖区内的傣族、布朗族祖先在久远年代就聚居和繁衍生息所形成的古老自然寨。其保护范围和内容为景迈大寨、糯岗、芒埂、勐本、芒景上寨、芒景下寨、翁基、芒洪等古村寨及古建筑、民族文化遗产、名胜古迹、古树名木和自然景观。

第三条 在景迈、芒景古村落范围内活动的一切组织和个人，都必须遵守本决定。

第四条 景迈、芒景古村落的保护应当遵循统筹规划、严格保护、科学管理、和谐发展、有效利用的原则。保持和延续其传统风格和历史风貌，维护历史文化的真实性和完整性。

第五条 自治县人民政府应当加强对景迈、芒景古村落保护工作的领导，安排一定资金用于景迈、芒景古村落的保护。

自治县各有关行政主管部门和惠民哈尼族乡人民政府及景迈、芒景村民委员会应当按照各自职责，做好景迈、芒景古村落的保护工作。

第六条 任何单位和个人都有依法保护景迈、芒景古村落的义务，对违反本决定的行为有权劝阻、举报。

第七条 自治县人民政府设立景迈、芒景古村落管理机构，负责古村落的具体保护工作，履行下列职责：

（一）组织开展古村落保护的宣传教育；

（二）组织修建和完善古村落的基础设施和公共设施；

（三）筹措古村落保护的专项资金；

（四）组织对文物古迹、古树名木、建筑物、构筑物进行普查，协助有关部门做好确定公布工作；

（五）协助申报国家名村工作；

（六）会同所在两个村民委员会、村民小组制定保护公约；

（七）古村落保护的其他相关管理工作。

第八条　景迈、芒景古村落保护规划的编制和修订按照国家和省的有关规定执行，任何单位或个人不得擅自改变或者拒不执行经批准的古村落保护规划。确需对规划进行调整的，应当按照原审批程序报批。

第九条　景迈、芒景古村落实行整体保护，保持传统格局、历史风貌和空间尺度，不得改变与其相互依存的自然景观和生态环境。

第十条　景迈、芒景古村落保护范围内的重要建筑物、构筑物、古树名木、文物古迹等实行挂牌保护，保护标志由古村落保护管理机构统一制作、悬挂和管理。

第十一条　未经景迈、芒景古村落管理机构批准，实行挂牌保护的景迈、芒景古村落内的建筑物、构筑物，不得擅自拆除、修缮和改造。

第十二条　挂牌保护的建筑物、构筑物、文物古迹的修缮方案由所有权人申请，经景迈、芒景古村落管理机构审查并报建设、文化、民族宗教、旅游等部门同意后实施。影响景迈、芒景古村落风貌和有安全隐患的建筑，所有权人应按批准方案进行修缮。修缮确有困难的，所有权人可以申请补助，自治县人民政府视其情况，给予适当补助。

第十三条　在景迈、芒景古村落保护范围内经批准新建、扩建、改建的建筑物、构筑物，应当保持景迈、芒景古村落的建筑样式与风格。

第十四条　景迈、芒景古村落的电力、消防、通讯、防洪、供排水、有线电视等设施建设应当符合古村落保护的要求，任何单位和个人不得随意拆除和架设。

第十五条　景迈、芒景古村落的生活垃圾实行集中堆放、统一清运处理。任何单位和个人不得损坏和擅自拆除公共卫生设施。

第十六条　在景迈、芒景古村落保护范围内开展公益性、群众性民族文化和社团旅游活动，不得破坏古村落的生态环境和自然风貌。在景迈、芒景古村落保护范围内拍摄电影、电视、举办大型商业活动的，应当经景迈、芒景古村落管理机构批准，并收取景迈、芒景古村落维护费用。

第十七条 自治县人民政府鼓励对景迈、芒景的民族民间传统文化和先进民风民俗的发掘、收集、整理、研究和开发利用。

第十八条 景迈、芒景古村落管理机关依照有关法律法规行使监督检查权，被检查的单位和个人应当予以配合，不得拒绝、阻挠。

第十九条 自治县人民政府对在景迈、芒景古村落保护工作中做出突出贡献的单位和个人给予表彰和奖励。

第二十条 自治县行政主管部门和景迈、芒景古村落管理机构不履行监督管理职责，发现违法违规行为不予查处或者有其他玩忽职守、滥用职权、徇私舞弊行为的，由自治县人民政府依照有关规定追究行政责任。构成犯罪的，依法追究刑事责任。

第二十一条 对违反本决定第九条、第十条、第十一条、第十二条、第十三条、第十四条、第十五条、第十六条的，由自治县行政主管部门及景迈、芒景古村落管理机构责令改正，限期恢复原状或者采取其他补救措施，逾期不恢复原状或者不采取其他补救措施的，由景迈、芒景古村落管理机构指定有能力的单位代为恢复原状，或者采取其他补救措施，所需费用由违法违规者承担，造成损失的，承担赔偿责任。并由县有关部门、古村落管理机构依照有关法律法规予以处罚；构成犯罪的、依法追究刑事责任。

第二十二条 本决定实施办法由自治县人民政府制定。

第二十三条 本决定由自治县人大常委会负责解释。

第二十四条 本决定自通过之日起施行。

澜沧拉祜族自治县人民代表大会常务委员会

二〇〇九年七月二十七日

云南省澜沧拉祜族自治县古茶树保护条例

（2009 年 2 月 27 日云南省澜沧拉祜族自治县第十三届人民代表大会第二次会议通过，2009 年 5 月 27 日云南省第十一届人民代表大会常务委员会第十一次会议批准）

第一条　为加强对古茶树资源的保护管理，根据《中华人民共和国民族区域自治法》《中华人民共和国野生植物保护条例》等法律法规，结合自治县实际，制定本条例。

第二条　本条例所称古茶树，是指分布于自治县境内百年以上野生型茶树、邦崴过渡型茶树王和景迈、芒景千年古茶园及其他百年以上栽培型古茶树。

第三条　古茶树的保护范围由自治县人民政府划定，明确四至界线，设立保护标志和设施。

第四条　自治县人民政府对古茶树实行加强保护、合理利用的方针，实现生态效益、经济效益和社会效益相协调。

第五条　自治县林业行政主管部门负责古茶树的保护管理工作，定期组织古茶树资源调查，建立档案，对有代表性的古茶树实行挂牌保护。

第六条　自治县的工商、公安、国土资源、环保、农业、水利、旅游、交通、科技、教育、文化、广播电视等部门要按照各自的职责，做好古茶树的保护管理工作。

古茶树所在地的乡（镇）、村民委员会应当协同有关部门做好古茶树的保护管理工作。

第七条　自治县人民政府设立古茶树保护管理资金，专款专用。

资金主要来源为：

（一）县级财政拨款。

（二）社会捐赠和其他资金。

第八条　自治县人民政府及其有关部门应当开展保护古茶树的宣传教育工作，普及古茶树知识，提高公民保护古茶树的意识。

第九条　自治县人民政府鼓励各种经济组织和个人投资开发利用古茶树资源。支持科研单位对古茶树进行科学研究。开发利用和经营管理古茶树资源的单位和个人，其合法权益受法律保护。

第十条　自治县人民政府的有关部门应当为古茶树资源的经营管理者提供古茶树病虫害防治和分类管理等技术指导，做好相关服务工作。

第十一条　对景迈、芒景古茶树上衍生的特有药材"螃蟹脚"，实行单数年采摘，严禁在双数年采摘、收购、加工和出售。

第十二条　在古茶树保护范围内禁止下列行为：

（一）对古茶树折枝、挖根、剔剥树皮。

（二）盗伐树木、毁林开垦。

（三）搭棚、建房、挖沙、取土。

（四）砍树取蜂、采摘果实、采集药材。

（五）丢弃废物、倾倒垃圾。

（六）施用化肥和农药。

（七）毁坏古茶树保护标志和保护设施。

（八）猎捕野生动物等。

第十三条　对在古茶树资源保护管理、科学研究和合理开发利用工作中作出显著成绩的单位和个人，自治县人民政府给予表彰奖励。

第十四条　违反本条例规定有下列行为之一的，由自治县林业行政主管部门给予处罚；构成犯罪的，依法追究刑事责任。

（一）违反第十一条规定，在双数年采摘、收购、加工、出售"螃蟹脚"的，没收实物，可以并处 200 元以上 2 000 元以下罚款。

（二）违反第十二条第（一）项规定的，没收实物，可以并处 500 元以上 5 000 元以下罚款。

（三）违反第十二条第（二）项规定，盗伐林木的，没收违法所得，并处砍伐林木价值 1 倍以上 3 倍以下罚款；毁林开垦的，责令恢复原状，可以并处 100 元以上 1 000 元以下罚款。

（四）违反第十二条第（四）项规定的，没收实物，可以并处 20 元以上 200 元以下罚款。

（五）违反第十二条第（七）项规定的，责令限期修复或者赔偿损失，可以并处 50 元以上 200 元以下罚款。

（六）违反第十二条第（八）项规定的，依照《中华人民共和国野生动物保护法》予以处罚。

第十五条　违反本条例规定有下列行为之一的，由自治县有关部门给予处罚。

（一）违反第十二条第（三）项规定，搭棚、建房的，由自治县建设行政主管部门责令其拆除，可以并处 100 元以上 500 元以下罚款；挖沙、取土的，由自治县土地行政主管部门责令赔偿损失，可以并处 50 元以上 500 元以下罚款。

（二）违反第十二条第（五）项规定的，由自治县环境行政主管部门责令其改正，可以并处 10 元以上 100 元以下罚款。

第十六条　自治县林业行政主管部门及其他有关部门的工作人员，滥用职权、玩忽职守、徇私舞弊的，由其所在单位或者上级行政主管部门给予行政处分；构成犯罪的，依法追究刑事责任。

第十七条　当事人对行政处罚决定不服的，可以依法申请行政复议或者提起行政诉讼。

第十八条　本条例经自治县人民代表大会审议通过，报云南省人民代表大会常务委员会批准后公布施行。

第十九条　本条例由自治县人民代表大会常务委员会负责解释。

云南省澜沧拉祜族自治县民族民间传统文化保护条例

（2012 年 1 月 12 日云南省澜沧拉祜族自治县第十三届人民代表大会第五次会议通过，2012 年 3 月 31 日云南省第十一届人民代表大会常务委员会第三十次会议批准）

第一章　总　则

第一条　为了保护、传承和弘扬民族民间优秀传统文化，培育民族文化产业，促进经济社会协调发展，根据《中华人民共和国民族区域自治法》、《中华人民共和国非物质文化遗产法》等有关法律法规，结合澜沧拉祜族自治县（以下简称自治县）实际，制定本条例。

第二条　在自治县行政区域内活动的单位和个人，应当遵守本条例。

第三条　本条例所称的民族民间传统文化，是指自治县行政区域内以拉祜文化为主的各民族民间优秀传统文化。

第四条　下列民族民间传统文化受本条例保护：

（一）各民族的语言文字；

（二）具有代表性的民族民间文学、艺术、体育、节庆等；

（三）集中反映各民族生产生活习俗的传统服饰、器具、制造工艺和饮食等；

（四）具有学术、历史、艺术价值的手稿、经卷、典籍、文献、图片、谱牒、碑碣、楹联等；

（五）具有拉祜族、佤族、哈尼族、彝族、傣族、布朗族、回族、景颇族等民族特色的村寨和建筑物、构筑物；

（六）国家、省、市、县认定的民族民间传统文化传承人和传承单位及其所掌握的知识和技艺；

（七）国家、省、市、县认定的文物古迹；

（八）扎娜惬阁、葫芦广场、拉祜风情园、拉祜哦礼爹阁、景迈芒景千年万亩古茶园、邦崴千年古茶树王、茶马古道糯扎渡等。

第五条　自治县民族民间传统文化保护工作坚持保护为主、抢救第一、合理利用、传承发展的方针，促进民族民间传统文化与经济社会协调发展。

第六条　自治县人民政府应当将民族民间传统文化保护纳入国民经济和社会发展规划，保护经费列入本级财政预算。

第七条　自治县人民政府文化主管部门负责本行政区域内民族民间传统文化的保护工作，其主要职责是：

（一）宣传贯彻执行有关法律法规和本条例；

（二）会同有关部门制定民族民间传统文化保护、开发利用规划，报自治县人民政府批准后组织实施；

（三）配备和完善公共文化服务设施、设备；

（四）整理、上报民族民间传统文化保护名录；

（五）培养和发掘民族民间传统文化传承人、传承单位，并负责业务指导；

（六）组织开展民族民间传统文化资源的调查、收集、抢救、整理、出版、研究等工作，并建立健全档案和相关的数据库；

（七）管理民族民间传统文化保护经费。

第八条　自治县人民政府的发展改革、教育、民族宗教、公安、财政、国土资源、环境保护、住房城乡建设、交通运输、工商等有关部门，应当按照各自的职责做好民族民间传统文化的保护工作。乡（镇）人民政府应当做好本行政区域内民族民间传统文化的保护工作。村民（社区）委员会应当协同做好本辖区内民族民间传统文化的保护工作。

第九条　自治县人民政府对在民族民间传统文化保护和传承工作中做出显著成绩的单位和个人，应当给予表彰奖励。

第二章　保护与管理

第十条　自治县人民政府应当采取措施，加强对具有各民族特色建筑风格的建筑物和构筑物的保护管理。城乡规划建设应当体现当地民族建筑风格，公共场所、主要街道、公路沿线新建、改（扩）建的永久性建筑物、构筑物，应当体现当地民族特色，其建筑设计方案在审批前应当征得文化主管部门同意。

第十一条　自治县人民政府认定保护的民族民间传统文化资料和实物，未经文化主管部门批准，任何单位和个人不得用于经营性活动。

第十二条　自治县人民政府应当加强对传统民居、古建筑物、民族文化博物馆、传承馆、特定活动场所和标识的保护管理。禁止任何单位和个人侵占、损毁；对年久失修的，应当修缮、维护。

第十三条　境外组织或者个人在自治县行政区域内进行民族民间传统文化考察、搜集、采访、整理和研究活动，应当经自治县人民政府文化主管部门审核，并按有关规定报批。

在自治县行政区域内进行前款规定的活动，应当尊重当地少数民族风俗习惯，不得损害当地群众利益、破坏民族团结。

第十四条　自治县认定的具有重要历史、艺术、科学价值的各民族民间传统文化资料和实物，未经自治县人民政府批准，不得出境。

第三章　开发与利用

第十五条　自治县人民政府应当制定优惠政策，鼓励单位和个人投资开发利用民族民间传统文化资源，并在土地利用等方面给予倾斜，保障投资者的合法权益。

第十六条　自治县鼓励单位和个人开发下列民族民间传统文化项目，发展民族民间传统文化产业。

（一）开发、生产具有民族特色的传统工艺品、服饰、器具等产品；

（二）挖掘、整理、创作和拍摄具有民族和地方特色的文艺、影视作品；

（三）开发具有民族和地方特色的传统饮食；

（四）建立自治县民族民间传统文化网站；

（五）建设具有民族民间传统文化特色的民居、场所等。

第十七条　自治县人民政府鼓励单位和个人将其拥有的民族民间传统文化资料

或者实物，捐赠给国家的收藏和研究机构，并发给证书和给予奖励。征集属于私人或者集体所有的民族民间传统文化资料或者实物时，应当坚持自愿的原则，合理作价，并由征集部门发给证书。

第四章　认定与传承

第十八条　自治县人民政府文化主管部门应当会同民族宗教等有关部门编制民族民间传统文化保护名录，报上级文化主管部门批准后，由自治县人民政府公布。列入自治县民族民间传统文化保护名录的，由文化主管部门命名传承人或者传承单位。

第十九条　符合下列条件之一的，可以申请命名为民族民间传统文化传承人：

（一）熟练掌握本民族民间文化传统技艺，在当地有较大影响或者被公认为技艺精湛的；

（二）掌握和保存一定数量民族民间传统文化的原始文献和其他资料、实物的。

第二十条　符合下列条件之一的，可以申请命名为民族民间传统文化传承单位：

（一）对民族民间传统文化有研究成果的；

（二）经常开展民族民间传统文化活动的；

（三）收藏、保存一定数量民族民间传统文化资料或者实物的；

（四）历史悠久、民族建筑风格突出、特色鲜明、民风纯朴、自然生态环境保存完好的民族村寨。

第二十一条　民族民间传统文化传承人和传承单位的认定，由自治县人民政府文化主管部门会同民族宗教部门组织有关专家评估审核，报自治县人民政府批准后授予证书和匾牌，并报上级文化主管部门备案。

第二十二条　民族民间传统文化传承人、传承单位可以依法开展艺术创作、学术研究、传授技艺等活动，有偿提供其掌握的知识、技艺以及其所有的有关原始资料、实物、建筑物、场所。

第二十三条　民族民间传统文化传承人、传承单位应当履行下列义务：

（一）保存有关原始资料、实物，保护有关建筑物和场所；

（二）依法开展传播、展示活动，培养民族民间传统文化传承人。民族民间传统文化传承人和传承单位不履行义务的，由命名单位撤销其命名。

第二十四条　自治县人民政府文化主管部门和其他有关部门应当组织宣传、展示具有代表性的民族民间传统文化项目。

第二十五条　自治县人民政府教育主管部门应当将优秀的民族民间传统文化编入乡土教材，作为中小学素质教育的内容。

第五章　法律责任

第二十六条　违反本条例有关规定的，由自治县人民政府文化主管部门责令停止违法行为，并按照下列规定予以处罚；构成犯罪的，依法追究刑事责任。

（一）违反第十一条规定的，没收违法所得；情节严重的，并处一千元以上五千元以下罚款；

（二）违反第十二条规定的，责令改正或者赔偿，可以并处五十元以上五百元以下罚款；情节严重的，并处五百元以上三千元以下罚款；

（三）违反第十三条第一款规定的，没收违法所得和考察、搜集等活动中取得的资料、实物；情节严重的，对个人并处一千元以上五千元以下罚款，对组织并处五千元以上三万元以下罚款。违反第二款规定的，给予警告；情节严重的，依照有关法律法规的规定予以处罚；

（四）违反第十四条规定的，没收违法所得和资料、实物；情节严重的，并处资料、实物价值一倍以上五倍以下罚款。

第二十七条　当事人对行政处罚决定不服的，依照《中华人民共和国行政复议法》和《中华人民共和国行政诉讼法》的规定办理。

第二十八条　自治县人民政府文化主管部门和有关部门的工作人员在民族民间传统文化保护工作中玩忽职守、滥用职权、徇私舞弊的，由其所在单位或者上级主管部门给予处分；构成犯罪的，依法追究刑事责任。

第六章　附　则

第二十九条　本条例经自治县人民代表大会审议通过，报云南省人民代表大会常务委员会审议批准，由自治县人民代表大会常务委员会公布施行。自治县人民政府可以根据本条例制定实施办法。

第三十条　本条例由自治县人民代表大会常务委员会负责解释。

澜沧拉祜族自治县人大常委会关于景迈山保护的决定

(2013 年 12 月 17 日经澜沧拉祜族自治县十四届人民代表大会常务委员会第七次会议审议通过)

第一章　总　则

第一条　为加强景迈山的保护管理和开发利用，根据《中华人民共和国民族区域自治法》、《中华人民共和国森林法》、《中华人民共和国文物保护法》等法律法规，结合自治县实际，制定本决定。

第二条　在自治县行政区域内活动的单位和个人，应当遵守本决定。

第三条　本决定所称景迈山是指自治县境内以景迈芒景山千年万亩古茶林和古村落为核心的山系总称，包括惠民镇旱谷坪片区、芒云片区、付腊片区和酒井乡、糯福乡相关片区。

景迈山保护的内容主要是古茶林、古村落、古民居、古建筑、森林植被、野生动物、地形地貌和其他自然、人文景观，民族民间传统文化等。古茶林是指自治县惠民镇景迈村、芒景村辖区的千年万亩古茶林。古村落是指惠民镇景迈村、芒景村辖区的傣族、布朗族等民族在久远年代就聚居和繁衍生息的景迈大寨、糯岗、芒埂、勐本、龙蚌、芒景上寨、芒景下寨、翁居、芒洪等古老自然寨。民族民间传统文化是指景迈山保护区范围内各民族民间优秀传统文化。

第四条　景迈山保护范围分为核心区和缓冲区。核心区保护范围是惠民镇景迈片区、芒景片区；缓冲区保护范围是惠民镇旱谷坪片区、付腊片区、芒云片区及酒井乡勐根片区、糯福乡勐宋片区。核心区和缓冲区具体保护范围由自治县人民政府根据景迈山保护管理规划划定，设立标志，予以公告。

第五条　景迈山的保护管理坚持保护优先、统一规划、科学管理、合理开发、永续利用的原则。

第六条　自治县人民政府对保护景迈山工作成绩突出的单位和个人，予以表彰奖励。

第二章　保护管理

第七条　自治县人民政府应当按照国家有关规定，科学编制景迈山保护管理规划。景迈山保护管理规划应当与国民经济和社会发展规划、土地利用总体规划、林业发展规划、城乡建设规划、旅游发展规划以及其他相关专项规划相衔接。景迈山保护管理规划批准后，应当向社会公布。任何单位和个人不得擅自变更。确需调整和修改的，应当按原审批程序办理批准手续。

第八条　景迈山保护区的划定，应当维护本辖区集体经济组织和个人享有的合法权益。

第九条　自治县人民政府应当加强景迈山的保护管理工作，将景迈山保护管理经费列入本级财政预算。自治县人民政府可以通过上级扶持、国内外捐助等渠道，筹集景迈山保护资金，专项用于景迈山保护管理。

第十条　自治县人民政府设立景迈山保护管理机构，负责景迈山的保护管理和协同自治县人民政府相关职能部门做好以下工作：

（一）宣传贯彻执行有关法律法规和本决定；

（二）组织实施景迈山保护管理规划；

（三）监督指导景迈山资源的保护和开发利用；

（四）审核景迈山保护区民居、基础设施及其他公共设施建设；

（五）监测景迈山资源状况，对文物古迹、古树名木设立重点保护对象标识；

（六）协调封山育林、植树绿化、护林防火、防治林木病虫害和水土保持工作；

（七）建立科学考察、大型文艺活动、影视拍摄、旅游服务等项目审核制度；

（八）组织开展与景迈山有关的科研、科普、展示和宣传教育等活动；

（九）指导辖区内的村民委员会、村民小组制定保护公约；

（十）审核民族民间传统文化保护名录；

（十一）审核景迈山知识产权的相关事宜；

（十二）依法收取相关规费；

（十三）负责景迈山保护管理的其他工作。

第十一条　自治县人民政府的国土资源、环境保护、住房和城乡建设、交通运输、农业和科技、林业、水务、文化、旅游等有关部门以及相关乡（镇）人民政府，应当按照各自职责做好景迈山保护管理工作。涉及保护范围内的村民委员会、村民小组按照村民自治的有关规定，共同做好景迈山的保护管理工作。

第十二条　自治县人民政府应当加强景迈山保护区的配套设施建设，完善交通体系。

第十三条　景迈山保护区实施房屋、道路、水利、电力、通讯、消防、防洪、供排水、有线电视等工程建设，须经景迈山保护管理机构同意，方可办理有关审批手续。工程施工时，建设单位、施工单位必须严格保护施工现场周围的景物与环境，不得损坏古茶树、古村落及其他古树名木。

第十四条　景迈山保护区的土地征用应当严格控制，为了公共利益需要依法征用保护区土地的，应当征求景迈山保护管理机构的意见。

第十五条　景迈山保护区的生态茶园建设和经济林木发展，应当与景迈山原有生态体系和景观风貌相协调。

第十六条　自治县人民政府应当采取措施，加强对具有各民族特色的传统民居、古建筑物、传承馆、特定活动场所等建筑物和构筑物的保护管理。城乡规划建设应当体现当地民族建筑风格，公共场所、主要街道、公路沿线新建、改（扩）建的永久性建筑物、构筑物，应当体现当地民族特色，保持原有的建筑样式与风格。

第十七条　景迈山保护区的重要建筑物、构筑物、古树名木、文物古迹等实行挂牌保护，保护标志由保护管理机构统一制作、悬挂和管理。其他单位和个人不得擅自制作、使用、摘除保护标志。

第十八条　挂牌保护的建筑物、构筑物、文物古迹的修缮方案由所有权人申请，经景迈山保护管理机构审查并报有关部门同意后实施。

第十九条　景迈山古村落实行整体保护，保持传统格局、历史风貌和空间尺度，不得改变与其相互依存的自然景观和生态环境。

第二十条　景迈山保护区的各民族语言文字，具有代表性的民族民间文学、艺术、体育、节庆，集中反映各民族生产生活习俗的传统服饰、器具、制作工艺、饮食，国家、省、市、县认定的文物古迹等民族民间传统文化，应当进行保护。

第二十一条　自治县人民政府认定保护的民族民间传统文化资料和实物，未经景迈山保护管理机构批准，任何单位和个人不得用于经营性活动。

第二十二条　境外组织或者个人在景迈山保护区进行民族民间传统文化考察、搜集、采访、整理和研究活动，应当经景迈山保护管理机构审核，并按有关规定报批。在景迈山保护区进行前款规定的活动，应当尊重当地少数民族风俗习惯，不得损害当地群众利益、影响民族团结。

第二十三条　景迈山的开发或工程建设需砍伐林木的，集体和个体所有的林木需要间伐的，应当经过景迈山保护管理机构审查同意，报有关部门批准。教学、科研需要采集动植物标本的，须经保护管理机构同意，在指定地点限量采集。维护景迈山道路和设施，需挖取砂、石、土的，须经保护管理机构同意，在规定地点限量挖取。

第二十四条　在景迈山保护区范围内禁止下列行为：

（一）探矿、采（选）矿以及可能改变地形地貌的其他活动；

（二）私搭乱建，擅自新建、改建、扩建建筑物及构筑物；

（三）乱砍滥伐、盗伐林木，毁林开荒、烧山，擅自移置、移栽树木，挖掘树桩（根），剔剥活树皮；

（四）猎捕野生动物和采集珍稀野生植物；

（五）破坏水资源、擅自改变水环境自然状态；

（六）擅自架设通讯、电力等管线；

（七）在非指定地点丢弃、倾倒、堆放垃圾和排放污水及有毒有害废弃物；

（八）在非指定地点摆摊设点、停放车辆；

（九）攀爬、刻画建筑物和林木；

（十）损害景迈山资源的其他行为。

第三章　开发利用

第二十五条　景迈山的开发利用，应当遵守有关法律法规，进行环保、水保、安全和社会稳定风险影响评价，维护资源的区域整体性、文化代表性和地域特殊性。

第二十六条　自治县人民政府应当制定有利于景迈山可持续发展的产业政策，同等条件下优先安排惠农资金，扶持、引导、帮助景迈山保护区的村民发展经济，增加收入。

第二十七条　在景迈山保护区从事旅游、商业、食宿、广告、娱乐、专线运输等经营活动的单位和个人，须经景迈山保护管理机构许可，并在指定的地点和划定的范围内进行经营活动。

第二十八条　景迈山资源实行有偿使用。在景迈山保护区范围内从事旅游经营、影视作品拍摄等活动的组织和单位应当缴纳相关费用。具体收费标准和使用办法由自治县人民政府制定。

第四章　法律责任

第二十九条　违反本决定规定的，由自治县人民政府及相关职能部门依照有关法律法规规定进行查处，构成犯罪的依法追究刑事责任。

第三十条　自治县人民政府相关行政职能部门、乡（镇）、村、组和景迈山保护管理机构工作人员，在景迈山保护管理工作中玩忽职守、徇私舞弊、滥用职权的，由其所在单位或者上级行政主管部门给予行政处分，构成犯罪的，依法追究刑事责任。

第五章　附　则

第三十一条　本决定由澜沧拉祜族自治县人大常委会负责解释。自治县人民政府应当根据本决定制定实施办法。

第三十二条　本决定通过后，《澜沧拉祜族自治县人大常委会关于保护景迈芒景古村落的决定》和《澜沧拉祜族自治县人大常委会关于保护景迈芒景古茶园的决定》同时废止。

第三十三条　本决定自通过之日起施行。

云南省澜沧拉祜族自治县景迈山保护条例

（2015 年 2 月 1 日云南省澜沧拉祜族自治县第十四届人民代表大会第三次会议通过，2015 年 3 月 26 日云南省第十二届人民代表大会常务委员会第十七次会议批准，2015 年 7 月 1 日起施行）

第一章　总　则

第一条　为了加强景迈山的保护管理和开发利用，根据《中华人民共和国环境保护法》、《中华人民共和国文物保护法》等有关法律法规，结合澜沧拉祜族自治县（以下简称自治县）实际，制定本条例。

第二条　本条例所称景迈山是指位于自治县惠民镇内以景迈村、芒景村为核心的山脉总称。景迈山保护和管理的区域（以下简称景迈山保护区）主要由景迈、芒景、旱谷坪、芒云、付腊五个片区组成，总面积 38661 公顷。

第三条　在景迈山保护区内活动的单位和个人，应当遵守本条例。

第四条　景迈山保护区的保护管理和开发利用，坚持保护优先、科学管理、合理开发、可持续利用的原则。

第五条　自治县人民政府应当加强景迈山保护区的保护管理和开发利用工作，并纳入国民经济和社会发展规划。

第六条　自治县人民政府景迈山保护区保护管理机构（以下简称管理机构），具体负责景迈山保护区的保护管理工作，其主要职责是：

（一）宣传贯彻执行有关法律法规和本条例；

（二）协助做好景迈山保护区资源的开发利用工作；

（三）负责景迈山保护区资源监测，并建立档案，对文物古迹、古树名木设立重点保护标识；

（四）协助做好景迈山保护区的封山育林、植树绿化、防治林木病虫害、护林防火和环境保护、水土保持工作；

（五）制定景迈山保护区保护管理制度，报自治县人民政府批准后组织实施；

（六）负责对景迈山保护区内的科学考察、文艺活动、影视拍摄、旅游服务、经营项目及公共设施建设等活动的监督和管理；

（七）组织开展与景迈山保护区有关的科研、科普、展示和宣传教育等活动；

（八）指导景迈山保护区内的村民委员会、村民小组制定保护公约和民居建设；

（九）做好景迈山保护区文化遗产管理的相关工作。

第七条 自治县相关职能部门和惠民镇人民政府应当按照各自职责，做好景迈山保护区的保护管理和开发利用工作。景迈山保护区内的村民委员会、村民小组应当协同做好景迈山保护区的保护管理和开发利用工作。

第二章　保护管理

第八条 自治县人民政府应当科学编制景迈山保护区保护和利用规划，按程序报批后组织实施，并向社会公布。经批准的景迈山保护区保护和利用规划，任何单位和个人不得擅自变更；确需变更的，应当按原审批程序报批。景迈山保护区保护和利用规划应当符合自治县国民经济和社会发展规划，并与土地利用总体规划、生态环境保护规划、城乡规划、文化遗产保护与利用规划等相衔接。

第九条 自治县人民政府设立景迈山保护区保护管理资金，专项用于景迈山保护区的保护管理。资金来源：

（一）上级扶持；

（二）本级财政预算；

（三）捐赠和其他资金。

第十条 景迈山保护区分三级：一级保护区为千年万亩古茶林、文物古迹和景迈大寨、糯岗、芒埂、勐本、老酒房、芒景上寨、芒景下寨、翁基、翁洼、芒洪 10 个传统村落；二级保护区为一级保护区以外、三级保护区以内的区域；三级保护区为景迈村和芒景村行政区域内的生产区和惠民镇的旱谷坪片区、芒云片区、付腊片区。一、二、三级保护区的具体界线由自治县人民政府根据经批准的景迈山保护区保护和利用规划划定，并设立界标，予以公告。

第十一条　景迈山保护区的土地实行严格管理制度。因实施规划或者公共服务设施建设需要征收或者占用土地的，应当依法办理相关手续，并按规定给予补偿。

第十二条　自治县人民政府应当加强景迈山保护区的垃圾处理设施建设，实行垃圾分类放置，定点收集，及时清运，集中处理，改善环境卫生。

第十三条　景迈山保护区的公共场所及公路沿线新建、改（扩）建的永久性建筑物，应当体现当地民族特色，保持民族传统建筑风格，并与周围自然景观风貌相协调，相关部门在对建筑设计方案审批前应当征求管理机构的意见。

第十四条　自治县人民政府应当加强景迈山保护区的交通、水利、电力、通讯等基础设施建设，改善当地居民的生产生活条件。

第十五条　景迈山保护区的道路、水利、电力、通讯、消防、防洪、供排水、有线电视等工程建设，有关部门在审批前，应当征求管理机构的意见。建设单位或者施工单位应当采取保护措施，不得损坏传统村落、古茶树、古树名木和周围植被、水体、地貌等。施工结束后，应当及时清理场地，恢复原貌。

第十六条　自治县人民政府应当加强景迈山保护区的古柏等古树名木和帕哎冷寺、翁基古寺、景迈大寨佛寺等文物古迹的保护。古树名木和文物古迹实行挂牌保护，保护标识由管理机构统一设计、制作、挂牌和管理，其他单位和个人不得擅自制作、移动和破坏。

第十七条　自治县人民政府应当加强景迈山保护区古茶树的保护，弘扬传统茶文化，传承古茶树种植技术、传统制茶工艺和传统茶习俗。

第十八条　景迈山保护区内列入国家和省保护名录的野生动物、植物不得擅自猎捕或者采集。因教学、科研确需在景迈山保护区猎捕或者采集野生动物、植物标本的，应当经管理机构同意，报相关部门批准后方可实施，并按照批准的时间、地点、品种、数量和作业方式进行。

第十九条　因景迈山保护区的道路和设施维护，确需在保护区采砂、采石、取土的，应当经管理机构同意，报相关部门批准，并在管理机构划定的地点作业。作业结束后应当及时清理场地，恢复原貌。

第二十条　在景迈山保护区开展各种活动的单位和个人，应当尊重当地少数民族的风俗习惯，不得损害当地群众利益、破坏民族团结。

第二十一条　三级保护区内禁止下列行为：

（一）擅自探矿、采（选）矿；

（二）擅自砍伐林木，盗伐林木，毁林开荒；

（三）破坏水资源；

（四）移动、破坏界桩和保护标识、标牌；

（五）刻划、涂写、移植、剔剥、攀折古树名木和破坏文物古迹；

（六）在非指定地点丢弃、倾倒、堆放垃圾和有毒有害废弃物；

（七）超标排放污水、废气；

（八）擅自引进外来物种；

（九）擅自设置、张贴广告；

（十）野外违规用火；

（十一）在非指定地点燃放烟花爆竹；

（十二）在非指定地点摆摊设点、停放车辆。

第二十二条　二级保护区内，除遵守本条例第二十一条规定外，还禁止下列行为：

（一）擅自新建、改建、扩建建筑物及构筑物；

（二）擅自架设通讯、广播电视、电力等设施；

（三）违规使用化肥、农药或者兽药添加剂。

第二十三条　一级保护区内，除遵守本条例第二十二条规定外，还禁止下列行为：

（一）开发房地产，建设度假村、疗养院等；

（二）采砂、采石、取土；

（三）在禁牧区放牧。

第三章　开发利用

第二十四条　景迈山保护区的开发利用，应当维护当地集体经济组织和个人享有的合法权益。

第二十五条　自治县人民政府应当制定有利于景迈山保护区可持续发展的产业政策，扶持、引导、帮助景迈山保护区的村民发展经济，不断增加收入，改善生产生活条件。

第二十六条　自治县人民政府应当加大景迈山保护区旅游业的投入，发展民族特色风情、古茶文化等旅游产业。

第二十七条　在景迈山保护区内从事旅游、商业、食宿、广告、娱乐、专线运输等经营活动，有关部门在审批前，应当征求管理机构的意见，并在指定的地点或者划定的区域内经营。从事前款规定的项目经营活动，景迈山保护区内的当地集体经济组织和村（居）民，在同等条件下享有优先权。

第二十八条　景迈山保护区资源实行有偿使用制度。利用景迈山保护区资源从事经营活动的单位和个人，应当依法缴纳资源有偿使用费。具体收缴办法由自治县人民政府制定，按程序报批后实施，收取的费用主要用于景迈山保护区的保护管理和建设。

第四章　法律责任

第二十九条　违反本条例规定的，由管理机构责令停止违法行为，并按照下列规定予以处罚；构成犯罪的，依法追究刑事责任。

（一）违反第十五条第一款规定，未经批准进行工程建设的，对个人处 5 000 元以上 1 万元以下罚款，对单位处 1 万元以上 3 万元以下罚款；违反第二款规定的，责令恢复原状或者赔偿损失，并对个人处 1 000 元以上 3 000 元以下罚款，对单位处 5 000 元以上 1 万元以下罚款；

（二）违反第十六条第二款、第二十一条第四项规定，擅自制作、移动、破坏保护标识、标牌和界桩的，责令恢复原状或者赔偿损失，可以处 200 元以上 500 元以下罚款；

（三）违反第十八条规定，未经批准开展活动或者未按照批准的时间、地点、品种、数量和作业方式进行的，没收实物，并处实物价值一倍以上三倍以下罚款；

没有实物的，对个人处 200 元以上 500 元以下罚款，对单位处 1 000 元以上 3 000 元以下罚款；

（四）违反第二十条规定的，予以警告；情节严重的，依照有关法律法规的规定予以处罚；

（五）违反第二十一条第五项规定的，责令改正，恢复原状，可以处 100 元以上 300 元以下罚款；情节严重的，处 300 元以上 1 000 元以下罚款；造成损失的，依法承担赔偿损失责任；

（六）违反第二十一条第六项规定的，限期清除，可以处 50 元以上 200 元以下罚款；逾期未清除的，处 500 元以上 1 000 元以下罚款；造成损失的，依法承担赔偿损失责任；

（七）违反第二十一条第八项规定的，限期清除，没收引进物种及其产品，并处 1 000 元以上 5 000 元以下罚款；情节严重的，并处 1 万元以上 3 万元以下罚款；

（八）违反第二十一条第九项规定的，限期清除，可以处 500 元以上 1 000 元以下罚款；逾期未清除的，处 1 000 元以上 3 000 元以下罚款；

（九）违反第二十一条第十一、十二项规定的，可以处 50 元以上 200 元以下罚款；

（十）违反第二十二条第二项规定的，限期拆除；逾期不拆除的，由管理机构拆除，拆除费用由架设单位或者个人承担，并对个人处 1 000 元以上 5 000 元以下罚款，对单位处 1 万元以上 3 万元以下罚款；

（十一）违反第二十三条第三项规定的，限期改正或者赔偿损失，可以并处 100 元以上 300 元以下罚款；

（十二）违反第二十七条第一款规定，未经许可从事经营活动或者未在指定的地点和划定的区域进行经营的，处 1 000 元以上 3 000 元以下罚款；情节严重的，处 5 000 元以上 3 万元以下罚款；

（十三）违反第二十八条规定，未按规定缴纳资源有偿使用费的，限期缴纳；逾期不缴纳的，从滞纳之日起按日加收应交额万分之五的滞纳金；拒不缴纳的，责令停止经营活动。

第三十条 违反本条例其他有关规定的，由相关职能部门依照有关法律法规给予处罚；构成犯罪的，依法追究刑事责任。

第三十一条　当事人对行政处罚决定不服的，依照《中华人民共和国行政复议法》和《中华人民共和国行政诉讼法》的规定办理。

第三十二条　管理机构及相关部门的工作人员，在景迈山保护管理和开发利用工作中玩忽职守、滥用职权、徇私舞弊的，由其所在单位或者监察机关依法给予处分；构成犯罪的，依法追究刑事责任。

第五章　附　则

第三十三条　本条例经自治县人民代表大会审议通过，报云南省人民代表大会常务委员会审议批准，由自治县人民代表大会常务委员会公布施行。自治县人民政府可以根据本条例制定实施办法。

第三十四条　本条例由自治县人民代表大会常务委员会负责解释。

云南省澜沧拉祜族自治县景迈山保护条例实施办法

（2017 年 9 月 12 日澜沧拉祜族自治县第十五届人民政府第十次常务会议通过，自 2017 年 10 月 25 日起施行）

第一章　总　则

第一条　为贯彻实施《云南省澜沧拉祜族自治县景迈山保护条例》（以下简称《条例》），依据有关法律法规，结合澜沧拉祜族自治县（以下简称自治县）实际，制定本实施办法（以下简称《办法》）。

第二条　本办法所称景迈山保护是指对位于自治县惠民镇内以景迈村、芒景村为核心的山脉，由景迈、芒景、旱谷坪、芒云、付腊五个片区组成，总面积为 38 661 公顷区域采取的保护行动和措施。

第三条　《条例》所称的"景迈山保护区内活动的单位和个人"，是指包括村委会、村民小组、村（居）民和施工单位、商贩、旅游服务经营者及旅游者等在景迈山保护区范围内生产、生活或活动的一切单位和个人。

上述单位和个人应当遵守本办法，服从保护区管理机构的管理，遵守保护区的各项管理规定，爱护景观设施，保护环境，不得破坏自然资源或者改变其形态。进入保护区的交通工具，应当按照规定的路线、地点行驶和停放。

第四条　景迈山保护区内自然资源和文化资源是不可再生的公共资源，自治县依法严格保护，任何组织、个人不得侵占、擅自拆除、修缮、改造，破坏和非法转让。因保护管理的需要，给当地群众生产、财产造成损失的，保护区管理部门应当依法给予补偿。

第五条　自治县人民政府景迈山古茶林保护管理局（以下简称管理局），具体负责景迈山保护区的保护管理工作。其主要职责是：

（一）依照澜沧拉祜族自治县机构编制委员会的相关文件规定履行职责；

（二）依照条例的规定履行职责，行使条例赋予的行政处罚权；

（三）依照景迈山保护区保护和利用规划制定具体措施，报自治县人民政府批准后组织实施；

（四）设立景迈山保护区范围的界标，报请县人民政府予以公告；

（五）履行法律、法规和规章及相关规范性文件规定的职责。

第六条　自治县的林业、农业、水利、国土、建设、卫生、环保、交通、文化、旅游、公安、市场监管、民政、民族宗教及有关行政主管部门，应当依据各自法定职责做好景迈山的保护和管理工作。

第七条　惠民镇人民政府及保护区内村民委员会、村民小组应当协同做好辖区内的景迈山保护管理工作。景迈山保护区内村民委员会、村民小组应当制定村规民约，保护管理、合理开发利用当地的资源，强化农村精神文明建设，加强农村环境整治。

第八条　任何单位和个人可以对破坏、侵占保护区内自然资源和文化资源的行为进行举报投诉。自治县人民政府对在保护区保护管理工作中做出突出贡献的单位和个人给予表彰和奖励。

第二章　保护管理

第九条　管理局会同规划、国土、文化、环保、旅游、农业、林业、水利、电力、交通、邮政通讯、民政、民族宗教等有关部门组织编制景迈山保护区的规划，按程序报批后组织实施，并向社会公布。保护区内建筑物（构筑物）需新建、改建、扩建和修缮的，应当符合规划要求，并征求管理局意见后依法进行。

第十条　景迈山保护区范围内的公共服务设施、生态旅游设施、人工景点及新建、改（扩）建的永久性建筑物，应当体现当地民族特色，保持民族传统建筑风格，并与周围自然文化景观风貌相协调。前款规定的建设项目，相关部门进行建设项目审批时，应当征求管理局意见。

第十一条　景迈山保护区应当按照保护生态兼顾观赏相结合的原则，进行绿化造林和封山育林。鼓励和支持在景区从事有利于绿化和生态保护的活动。禁止在景迈山保护区内擅自采伐林木，采集珍稀、濒危的野生植物，伤害和捕猎野生动物；不得擅自采集标本、野生药材和林产品。因教学、科研需要在保护区猎捕或者采集动植物标本的，报经管理局同意，报林业部门批准后方可实施，并严格按照批准的时间、地点、品种、数量和作业方式进行。

第十二条　自治县建设行政主管部门应当加强景迈山保护区的环境卫生监督管理，负责指导管理局、惠民镇人民政府和村民委员会、村民小组做好垃圾分类放置、收集、清运和处理工作。村民委员会、村民小组应通过制定村规民约、宣传教育等方式对本村组乱扔、乱堆、乱倒垃圾的行为给予制止、批评教育。管理局负责景迈山保护区乱扔、乱堆、乱倒垃圾行为的行政执法工作。

第十三条　因实施规划或者公共服务设施建设需要征收或者占用土地的，由自治县土地行政主管部门依法办理相关手续。自治县土地行政主管部门对景迈山保护区的土地违法行为应及时进行调查处理。

第十四条　自治县水利行政主管部门应当依法做好保护区内的水土保持和水资源的保护工作。

第十五条　自治县环保行政主管部门应当严格执行国家和省建设项目的有关规定，加强保护区内开发建设项目的环境保护管理。景迈山保护区范围内的环境空气质量按国家《大气环境质量标准》一级标准执行；水质按国家《地表水环境质量标准》Ⅲ类或者优于Ⅲ类标准保护。

第十六条　自治县文化行政主管部门应当加强景迈山保护区文化遗产的保护，弘扬传统茶文化，传承古茶树种植技术、传统制茶工艺和传统茶习俗。自治县文物行政主管部门负责景迈山保护区文物保护工作。对列入文物保护单位的古茶园（林）、佛寺、传统民居建筑等文物本体按照规范挂牌标识和保护，并对破坏文物等的违法行为及时进行调查处理。

第十七条　自治县林业行政主管部门负责景迈山保护区内的植树造林、封山育林、公益林管护、森林防火、森林病虫害防治、野生动植物保护等工作，做好保护区绿化、美化、规划指导实施工作，提高保护区内生物多样性。自治县林业行政主管部门应当对林业违法行为及时进行调查处理；严格管理保护区内列入国家和云南省保护名录的野生动植物；未经许可，不得擅自猎捕或者采集。因扑救森林火灾、抢险救灾、病虫害防治等紧急情况采伐林木的，组织抢险救灾的单位或部门应当自紧急情况结束之日起，30 日内到林业行政主管部门报告并补办相关手续。征占用林地的，逐级上报林业行政主管部门审核审批。

第十八条　自治县旅游行政主管部门应当依据保护管理的要求及资源承载能力，及时发布客流信息，有计划控制客流量。应当制定应急预案，在客流高峰期采取有效措施及时组织分流，维护旅游秩序，保护景迈山资源。

第十九条　自治县交通、水利、电力、通讯等部门单位应当依法加强景迈山保护区的交通、水利、电力、通讯等基础设施建设，改善景迈山的生产生活条件。

第二十条　自治县人民政府设立的景迈山保护区保护管理专项资金，由县财政局统筹管理，并制定资金使用管理办法。保护管理资金由管理局根据资金使用管理办法，专项用于景迈山保护区的保护管理工作。

第二十一条　自治县人民政府对景迈山保护区范围内的下列重点保护对象实行挂牌保护。保护标识由管理局统筹管理，未经许可，其他单位和个人不得擅自制作、移动和破坏。

（一）千年万亩古茶林及其古茶树、伴生树；

（二）景迈大寨、糯岗、芒埂、勐本、老酒房、芒景上寨、芒景下寨、翁基、翁洼、芒洪 10 个传统村落及传统民居；

（三）保护区内的古树名木及列入国家和省保护目录的植物；

（四）帕哎冷寺、翁基古寺、景迈大寨佛寺等文物古迹。管理局应当建立健全档案，并采取防腐、防震、防火、防洪、防窃、避雷、防蛀等有效的安全措施，规范管理档案。

第二十二条　公民、法人或者其他组织应当保护管理景迈山保护区范围内的古茶树，不得破坏和污染古茶树及其生态环境。古茶树保护管理的责任主体依权属来确定。

第二十三条　保护区的道路、水利、电力、通讯、消防、防洪、供排水、有线电视等项目建设或维护，相关部门进行建设项目审批时，应当征求管理局意见后依法办理审批手续。管理局对进入景迈山保护区的施工单位（个体）进行审查，并对其施工行为进行监管；必要时可对施工单位（个体）收取施工保证金，具体收取办法及管理措施由管理局制定并实施。对违法违规进行施工的施工单位（人员），由管理局报项目主管行政部门依法处理。

第二十四条　禁止在保护区内采砂、采石、取土，确因维护景迈山保护区工作需要，需报经相关行业主管部门批准。经依法批准的建设项目在施工过程中，必须采取有效措施，保护人文和自然景观及周围的林木、植被、水体、地貌；施工过程中形成的废弃物必须运至指定地点进行填埋或销毁；竣工后，必须及时清理垃圾，进行绿化、复原，恢复环境原貌。

第二十五条　管理局应当建立健全景迈山保护和管理工作责任制，将景迈山保护和管理工作纳入年度目标责任制。管理局应当组织本单位执法人员进行执法业务培训，提高景迈山保护区执法人员的业务能力。

第二十六条　景迈山保护工作中有下列事迹之一的单位和个人，由景迈山古茶林保护管理局会同惠民镇人民政府和有关部门评定后，报自治县人民政府给予表彰和奖励：

（一）保护管理工作中成绩显著的；

（二）对生态系统、生物资源进行科学研究取得显著成果的；

（三）推广科研成果成效显著的；

（四）制止、检举违法行为有功的；

（五）其他有突出贡献应当受到表彰的。

第二十七条　景迈山三级保护区为景迈村和芒景村行政区域内的生产区和惠民镇的旱谷坪片区、芒云片区、付腊片区。三级保护区内禁止下列行为：

（一）擅自探矿、采（选）矿；

（二）擅自砍伐林木，盗伐林木，毁林开荒；

（三）破坏水资源；

（四）移动、破坏界桩和保护标识、标牌；

（五）刻划、涂写、移植、剔剥、攀折古树名木和破坏文物古迹；

（六）在非指定地点丢弃、倾倒、堆放垃圾和有毒有害废弃物；

（七）超标排放污水、废气；

（八）擅自引进外来物种；

（九）擅自设置、张贴广告；

（十）野外违规用火；

（十一）在非指定地点燃放烟花爆竹；

（十二）在非指定地点摆摊设点、停放车辆。

第二十八条　景迈山二级保护区为一级保护区以外、三级保护区以内包括笼蚌、南桌、班改、那耐、芒云老寨的区域；二级保护区内，除三级保护区禁止行为外，还禁止下列行为：

（一）擅自新建、改建、扩建建筑物及构筑物；

（二）擅自架设通讯、广播电视、电力等设施；

（三）违规使用化肥、农药或者兽药添加剂。

第二十九条　景迈山一级保护区为千年万亩古茶林、文物古迹和景迈大寨、糯岗、芒埂、勐本、老酒房、芒景上寨、下寨、翁基、翁洼、芒洪 10 个传统村落；一级保护区内，除二、三级保护区禁止行为外，还禁止下列行为：

（一）开发房地产，建设度假村、疗养院等；

（二）采砂、采石、取土；

（三）在禁牧区放牧。

第三章　开发利用

第三十条　景迈山保护区的开发利用，应当维护当地集体经济组织和个人享有的合法权益。

第三十一条　自治县经济行政主管部门应当制定有利于景迈山保护区可持续发展的产业政策，扶持、引导、帮助景迈山保护区的村民发展经济，不断增加收入，改善生产生活条件。

第三十二条　自治县旅游主管部门应当加大景迈山保护区旅游业的投入，发展民族特色风情、古茶文化及周边各民族文化等旅游产业。

第三十三条　在景迈山保护区内从事旅游、商业、食宿、广告、娱乐、专线运输等经营活动，有关部门在审批前，应当征求管理机构的意见，符合规划要求，并在指定的地点或者划定的区域内经营。从事各种活动的单位和个人，应当尊重当地少数民族的风俗习惯，不得有损害当地群众利益、破坏民族团结的行为。从事前款规定的项目经营活动，景迈山保护区内的当地集体经济组织和村（居）民，在同等条件下享有优先权。

第三十四条　管理局应当对利用景迈山保护区资源从事经营活动的单位和个人收取资源有偿使用费；对景迈山保护区生产、生活的一切单位和个人（当地居民除外）收取保护整治费。具体收缴办法由县财政局会同发改、管理局制定，按程序报批后实施，收取的费用主要用于景迈山保护区的保护管理、建设及环境整治等。

第四章　法律责任

第三十五条　管理局应当与相关行政主管部门建立信息共享和执法联动机制。相关行政主管部门应当加强对保护区的巡查工作，定期向管理局通报巡查结果。管理局与相关行政主管部门之间实行首接责任制，对不属于本部门办理的投诉、举报案件应当及时移送相关行政主管部门办理。相关行政主管部门应当建立和完善违法行为举报、投诉制度，向社会公布举报、投诉的联系方式；接到举报、投诉后，应当及时处理，并将处理结果反馈举报、投诉人和管理局。

第三十六条　自治县各级人民政府及有关部门、工作机构及其工作人员有下列情形之一的，由所在单位或者上级行政机关责令改正，对直接负责的主管人员和其他直接责任人员依法给予处分；构成犯罪的，依法追究刑事责任：

（一）不履行法定职责的；

（二）未按照法定程序实施行政管理和执法的；

（三）打骂、侮辱行政管理相对人的；

（四）违规收费或者收缴罚款后不出具专用票据的；

（五）其他玩忽职守、滥用职权、徇私舞弊的行为。

第三十七条　有关部门和工作机构及其工作人员越权审批、滥用职权、徇私舞弊、玩忽职守的，或者不履行保护职责，致使保护区内自然资源、景观和历史文化遗产损害的，由所在单位或者上级主管部门给予行政处分；构成犯罪的，依法追究刑事责任。

第三十八条　违反本办法下列规定的，由管理局责令停止违法行为，并按照条例规定予以处罚；构成犯罪的，依法追究刑事责任。

（一）违反第二十三条第一款规定，未经批准进行工程建设的，依据条例第二十九条第（一）项的规定，对个人处 5 000 元以上 1 万元以下罚款，对单位处 1 万元以上 3 万元以下罚款；违反办法第二十四条第二款规定，未采取保护措施或不及时清理施工场地的，依据条例第二十九条第（一）项的规定，责令恢复原状或者赔偿损失，并对个人处 1 000 元以上 3 000 元以下罚款，对单位处 5 000 元以上 1 万元以下罚款；

（二）违反第二十一条第一款、第二十七条第（四）项规定，擅自制作、移动、破坏保护标识、标牌和界桩的，依据条例第二十九条第（二）项的规定，责令恢复原状或者赔偿损失，可以处 200 元以上 500 元以下罚款；

（三）违反第十一条第三款规定，未经批准开展活动或者未按照批准的时间、地点、品种、数量和作业方式进行的，依据条例第二十九条第（三）项的规定，没收实物，并处实物价值一倍以上三倍以下罚款；没有实物的，对个人处 200 元以上 500 元以下罚款，对单位处 1 000 元以上 3 000 元以下罚款；

（四）违反第三十三条第二款规定，有损害当地群众利益、破坏民族团结行为的，依据条例第二十九条第（四）项的规定，予以警告；情节严重的，依照有关法律法规的规定予以处罚；

（五）违反第二十七条第（五）项规定，刻划、涂写、移植、剔剥、攀折古树名木和破坏文物古迹的，依据条例第二十九条第（五）项的规定，责令改正，恢复原状，可以处 100 元以上 300 元以下罚款；情节严重的，处 300 元以上 1 000 元以下罚款；造成损失的，依法承担赔偿损失责任；

（六）违反第二十七条第（六）项规定，在非指定地点丢弃、倾倒、堆放垃圾和有毒有害废弃物的，依据条例第二十九条第（六）项的规定，限期清除，可以处 50 元以上 200 元以下罚款；逾期未清除的，处 500 元以上 1 000 元以下罚款；造成损失的，依法承担赔偿损失责任；

（七）违反第二十七条第（八）项规定，擅自引进外来物种的，依据条例第二十九条第（七）项的规定，限期清除，没收引进物种及其产品，并处 2 000 元以上 5 000 元以下罚款；情节严重的，并处 1 万元以上 3 万元以下罚款；

（八）违反第二十七条第（九）项规定，擅自设置、张贴广告的，依据条例第二十九条第（八）项的规定，限期清除，可以处 500 元以上 1 000 元以下罚款；逾期未清除的，处 1 000 元以上 3 000 元以下罚款；

（九）违反第二十七条第（十）项规定，野外违规用火的，责令停止违法行为，责令赔偿损失；情节严重的，移交相关部门予以处罚；构成犯罪的，依法追究刑事责任；

（十）违反第二十七条第（十一）、（十二）项规定，在非指定地点燃放烟花爆竹或在非指定地点摆摊设点、停放车辆的，依据条例第二十九条第（九）项的规定，可以处 50 元以上 200 元以下罚款；

（十一）违反第二十八条第（二）项规定，擅自架设通讯、广播电视、电力等设施的，依据条例第二十九条第（十）项的规定，限期拆除；逾期不拆除的，由管理局拆除，拆除费用由架设单位或者个人承担，并对个人处 2 000 元以上 5 000 元以下罚款，对单位处 1 万元以上 3 万元以下罚款；

（十二）违反第二十九条第（三）项规定，在禁牧区放牧的，依据条例第二十九条第（十一）项的规定，限期改正或者赔偿损失，可以并处 100 元以上 300 元以下罚款；

（十三）违反第三十三条第一款规定，未经许可从事经营活动或者未在指定的地点和划定的区域进行经营的，依据条例第二十九条第（十二）项的规定，处 1 000 元以上 3 000 元以下罚款；情节严重的，处 5 000 元以上 3 万元以下罚款；

（十四）违反第三十四条第一款规定，未按规定缴纳资源有偿使用费的，依据条例第二十九条第（十三）项的规定，限期缴纳；逾期不缴纳的，从滞纳之日起按日加收应交额万分之五的滞纳金；拒不缴纳的，责令停止经营活动。

第三十九条　违反本办法第十三条的规定，非法占用土地的，由县级以上人民政府土地行政主管部门依据《中华人民共和国土地管理法》第七十六条的规定，责令退还非法占用的土地，对违反土地利用总体规划擅自将农用地改为建设用地的，限期拆除在非法占用的土地上新建的建筑物和其他设施，恢复土地原状，对符合土地利用总体规划的，没收在非法占用的土地上新建的建筑物和其他设施，可以并处罚款；对非法占用土地单位的直接负责的主管人员和其他直接责任人员，依法给予行政处分；构成犯罪的，依法追究刑事责任。超过批准的数量占用土地，多占的土地以非法占用土地论处。

　　第四十条　违反本办法第十七条第二款规定，有猎捕野生动物行为的，由县级以上人民政府野生动物保护主管部门或者有关保护区域管理机构按照职责分工，依据《中华人民共和国野生动物保护法》的相关规定予以处罚。

　　第四十一条　违反本办法第十七条第二款规定，有采集野生植物行为的，由自治县野生植物行政主管部门依据《中华人民共和国野生植物保护条例》第二十三条的规定，没收所采集的野生植物和违法所得，可以并处违法所得 10 倍以下的罚款；有采集证的，并可以吊销采集证。

　　第四十二条　违反本办法第二十七条第（一）项规定，擅自探矿、采（选）矿的，违反第二十九条第（二）项规定，采砂、采石、取土的，由自治县土地行政主管部门依据土地、矿产管理的法律法规有关规定，予以处罚；构成犯罪的，依法追究刑事责任。

　　第四十三条　违反本办法第二十七条第（二）项规定，擅自砍伐林木，盗伐林木，毁林开荒的，由自治县林业行政主管部门依据相关的法律法规有关规定予以处罚；构成犯罪的，依法追究刑事责任。

　　第四十四条　违反本办法第二十七条第（三）项规定，破坏水资源的，由自治县水利行政主管部门依据水资源保护的法律法规予以查处；构成犯罪的，依法追究刑事责任。

　　第四十五条　违反本办法第二十七条第（七）项规定，超标排放污水、废气的，由县环境保护主管部门分别依据《中华人民共和国大气污染防治法》、《中华人民共和国水污染防治法》的规定予以处罚；构成犯罪的，依法追究刑事责任。

　　第四十六条　违反本办法第二十八条第（一）项规定，擅自新建、改建、扩建建筑物及构筑物的，由惠民镇人民政府依据《中华人民共和国城乡规划法》第六十五条的规定，责令停止建设、限期改正；逾期不改正的，可以拆除。

　　第四十七条　违反本办法第二十八条第（三）项规定，违规使用化肥、农药或者兽药添加剂的，由自治县农业主管部门依据《农药管理条例》第六十条的规定，责令改正，农药使用者为农产品生产企业、食品和食用农产品仓储企业、专业化病虫害防治服务组织和从事农产品生产的农民专业合作社等单位的，处五万元以上十万元以下罚款，农药使用者为个人的，处一万元以下罚款；构成犯罪的，依法追究刑事责任。

第四十八条　违反本办法第二十九条第（一）项规定，开发房地产，建设度假村、疗养院等的，由自治县建设行政主管部门责令当事人立即停止建设、限期拆除；当事人不停止建设或者逾期不自行拆除的，可以依据《中华人民共和国城乡规划法》第六十八条的规定，查封施工现场、扣押施工工具和依法强制拆除，并可以书面通知供水、供电单位不予提供施工用水、用电。实施强制拆除违法建（构）筑物、设施的费用，由被执行人承担。

第四十九条　违反本办法其他有关规定的，由相关行政主管部门依照有关法律法规给予处罚；构成犯罪的，依法追究刑事责任。

第五章　附　则

第五十条　景迈山保护区总体规划确定的其他区域及外围保护地带，依照其他有关法律、法规、规章进行保护管理。

第五十一条　本办法由自治县人民政府负责解释。

第五十二条　本办法有效期为五年，自 2017 年 10 月 25 日至 2022 年 10 月 25 日。

原《澜沧拉祜族自治县景迈山保护条例实施办法》（普府登 187 号）废止。

景迈芒景古茶园派出所治安巡逻制度

一、治安巡逻民警分两组，白天、晚上各一组，除园区内日常巡逻外，每月对古茶园周边林区巡逻两次。

二、巡逻民警必须着警服。

三、巡逻线路以重点园区、易发案地段和景区内各主要干道为主，注意发现各类违法犯罪嫌疑人。

四、对巡逻中发现的犯罪嫌疑人应及时带回派出所审查。

五、巡逻中应及时为群众排忧解难，遇到重大案（事）件时及时报告所领导。

六、巡逻中不得无故脱岗，不得办理与公务无关的事务。

芒景村保护利用古茶园公约

千年万亩古茶园是布朗族祖先给后代留下的珍贵遗产。在全国乃至全世界都是唯一的，是中国茶城、普洱茶都的历史见证，是中华民族古茶文化的典范，是布朗人民的骄傲，是致富奔小康的品牌效应。为加强古茶园的保护和管理，合理利用古茶资源，根据《中华人民共和国森林法》《澜沧拉祜族自治县人大常委会关于保护景迈芒景古茶园的决定》等有关法律、法规，结合芒景实际，特制定本公约。

第一条　保护好、管理好和利用好古茶资源是芒景布朗人民的神圣职责和义不容辞的光荣义务，每个布朗公民都要像爱护自己的眼睛一样爱护古茶园。

第二条　布朗族农户对集体所分给的茶园拥有科学管理权、合理采摘权。无权砍伐茶园内任何一棵林木，包括已枯烂的树木和树根，保持古茶园的原始性、生态性。严禁在古茶园内使用化肥农药；严禁在古茶园内种植其他作物；严禁在古茶园内乱扔垃圾和污染物；严禁在古茶园内猎捕野生动物。违者取消其管理权和采摘权。

第三条　任何组织（单位）和个人不经茶园主人同意，不得随意进入茶园内采摘鲜叶、螃蟹脚、古茶籽。违者，除没收其所采摘的鲜叶、螃蟹脚、茶籽外，加罚所采摘量总价值的三分之一处罚金。

第四条　每一个布朗族村民都要自觉维护古茶的名声，严禁将台地茶冒充成古茶卖的不良行为，违者罚150%的处罚金。

第五条　为确保芒景茶的纯真性，维护芒景茶的名声，严禁外面的鲜叶流进。违者除全部没收鲜叶外，加罚鲜叶总价值的30%处罚金。

第六条　芒景境内布朗族村民，出售自己加工的干茶前，必须向村民委员会、古茶保护协会报告，由村民委员会、古茶保护协会出具证明后方可出售、外运。

第七条　芒景村任何一个村民，都有抵制、举报违约行为的权利和义务，对举报者，村民委员会、古茶保护协会给予保密，并给予重奖，奖励金额为所举报物质总价值的50%。

　　第八条　为了更好地保护古茶原貌，古茶园内提倡挖塘种茶，严禁开挖种植沟，违者强行还原貌，并罚每米种植沟 10～30 元的处罚金。

　　第九条　本公约由村民委员会、古茶保护协会负责解释。

　　第十条　本公约自公布之日起执行。

芒景村民委员会

二〇〇七年二月

景迈村茶叶市场管理公约

为了加强我村茶叶市场管理，进一步加大控制和堵截茶叶市场混乱和不正之风，做到古茶、生态茶、台地茶分类的纯真性和严肃性。经 2012 年 3 月 3 日全村干部、厂家、茶叶专业合作社会议讨论，作出以下茶叶市场管理条约规定：

一、严禁对外进行鲜叶、毛茶流通、严格控制和堵住惠民、芒云、勐海、糯福在我景迈山鲜叶、毛茶销售。

二、鲜叶、毛茶允许在我村流通的范围是：1. 景迈村八个村民小组；2. 芒景村。

三、景迈村各茶叶专业合作社、厂家要严格把好鲜叶、毛茶质量关，不能弄虚作假，不能为眼前利益而损害和影响景迈村的声誉。若合作社、厂家出现违规，情况属实，村民委员会、村民小组将上报主管部门吊销营业执照，同时按照情节轻重，一次性处罚 5 000 - 10 000 元。

四、个人、个体、团体把外鲜叶、毛茶倒卖在我村，经发现一次性没收，同时产品销毁，并一次性处罚 500 - 1 000 元。

五、实行举报奖励，村民凡发现倒卖产品的可以向村民小组、村委会举报，村民小组、村民委员会对举报人进行保密，无论真实情况如何，经核实属实后，村民小组可按 50% 的罚金对举报人进行奖励。

六、严禁在古茶园、生态园改造区施化肥、农药，凡发现在古茶园、生态茶园改造区施用化肥、农药的由各村民小组按每亩 100 元进行处罚，并公开曝光，责令合作社、厂家停止对该户半年的产品收购。

七、本规定由各村民小组负责实施，村民委员会负责条约督促。

八、本规定从 2012 年 3 月 3 日起执行。

景迈村委员会

二〇一二年三月三日

澜沧拉祜族自治县人民政府、普洱景迈山古茶林保护管理局关于对景迈山古茶林保护区实施临时管控措施的通告

依据《中华人民共和国文物保护法》《景迈古茶园文物保护规划》《普洱市古茶树资源保护条例》《云南省澜沧拉祜族自治县景迈山保护条例》《云南省澜沧拉祜族自治县古茶树保护条例》《云南省澜沧拉祜族自治县景迈山保护条例实施办法》等有关规定，为切实加强景迈山古茶林保护区内的保护和管理，决定于本通告施行之日起至 2021 年 12 月 31 日在景迈山古茶林保护区范围内实施临时管控措施，现通告如下：

一、本通告所称"景迈山古茶林保护区"，依据《景迈古茶园文物保护规划》和申遗工作实际需要划定，遗产区包括景迈大寨、糯岗、勐本、芒埂、老酒房、芒景上寨、芒景下寨、翁基、翁洼、芒洪 10 个村寨；缓冲区包括南座、竜蚌、班改、那乃、芒云老寨 5 个村寨。

二、凡进入景迈山古茶林保护区的外来车辆和保护区范围内居民已报备登记车辆，必须自觉服从普洱景迈山古茶林保护管理局的管理，按要求办理驶入登记手续，按指定路线行驶，在指定区域有序停放。

三、凡进入景迈山古茶林保护区的外来人员，未经普洱景迈山古茶林保护管理局同意，不得擅自进入游客参观通道外古茶树生长区域内进行观摩或从事科研、科普等活动。

四、为让古茶树休养生息，古茶资源所有者、管理者、经营者及其外聘的务工人员，必须参加由普洱景迈山古茶林保护管理局组织开展的古茶树管养技术培训，并严格按照技术规范管养和采摘利用。为避免过度采摘，对古茶树应当采取春秋两季采摘，夏茶留养（每年 6 - 8 月一律禁采），分片采摘或隔年采摘，每次只采摘70% 鲜叶的采养方式。严禁任何单位和个人以公开竞拍或认养谋利等方式过度炒作景迈山古树单株茶叶。

五、景迈山古茶林保护范围内，严禁任何单位和个人损害、破坏自然生态资

源。严禁擅自砍伐林木，盗伐林木，毁林开荒；严禁破坏水资源、生物资源；严禁改变土地用途，破坏土地资源；严禁野外违规用火；严禁在禁牧区放牧。

六、景迈山古茶林保护范围内，严禁任何单位和个人有违反古茶林保护管理规定的行为。严禁刻画、涂写、移植、剔剥、攀折古树名木和破坏文物古迹；严禁擅自设置、张贴广告；严禁在非指定地点摆摊设点、停放车辆；严禁乱丢、乱倾倒、乱堆放垃圾。

七、景迈山古茶林保护区范围内，严禁任何单位及个人未经审批擅自新建、改建、扩建建筑物、构筑物；凡列入文物本体的民居建筑，任何单位及个人不得擅自拆除、修缮或改变建筑原状。

八、在景迈山古茶林保护区内，如有违反上述通告内容者，一律按《中华人民共和国文物保护法》《云南省澜沧拉祜族自治县景迈山保护条例》和《云南省澜沧拉祜族自治县古茶树保护条例》等相关法律法规严肃追究其法律责任。

九、澜沧县属各职能部门和景迈山古茶林所在地党委、政府应在中共澜沧拉祜族自治县委员会、澜沧拉祜族自治县人民政府的领导下，在普洱景迈山古茶林保护管理局的统筹协调和指导、督导下，认真履职尽责，紧紧依靠当地村、组干部和各族群众，群策群力、不懈努力，确保古茶林保护区各项规划执行到位，各项管理制度落实到位。对当地党委、政府和相关部门（单位）及个人行政不作为、乱作为、慢作为的，移交纪委监委部门予以严肃追责。

十、景迈山古茶林保护区内的单位及个人，如有需反映的诉求或事项可逐级向村民小组、村"两委"和镇党委、政府报告，由镇党委、政府统一向普洱景迈山古茶林保护管理局反映，也可直接向普洱景迈山古茶林保护管理局反映，普洱景迈山古茶林保护管理局收到问题反映和诉求后，及时召集镇、村、组及县直相关部门（单位）和其他相关方及时研究解决，并确保在5个工作日内向诉求人反馈意见。同时，景迈山古茶林保护区内各村民委员会、村民小组要结合本通告内容依法制定完善村规民约，自觉保护景迈山古茶林。

本通告从公布之日起30日后实施，由普洱景迈山古茶林保护管理局负责解释。

2019 年 7 月 20 日

苏国文老师访谈录

被访人简介：苏国文，男，布朗族，澜沧县惠民镇芒景村上寨人，1946 年 3 月 11 日生，曾任小学副校长，澜沧县教育局成人教育股股长，懂汉文、傣文、拉祜文，曾经获得"全国民族教育先进个人"荣誉称号，云南省布朗族非物质文化遗产布朗族习俗传承人。著有《芒景布朗族传说和简史》《芒景布朗族与茶》。

访谈人员：段砚，姚俊颖，罗渝涵，岳媛，钟泳洪

访谈时间：2019 年 3 月 24 日 21：00—22：40

访谈内容：

段砚：苏老师，我们专程来拜访您，主要是因为普洱市出了一个古茶树的保护条例，那么现在保护条例开始实施了，以后会出一个具体的实施细则，更具体、更细化，我们来做一些调研，听听您的想法，要怎么保护古茶树资源才会更好。

苏国文：保护条例实际上在制定的时候我就参加了。

段砚：立法的时候肯定是来征求过您的意见。

苏国文：我都参加了。当时是争执了一个问题：我们这里是景迈芒景，作为保护条例上是允许叫一座山——景迈山，当时我就说这个景迈山要有一个解释，什么叫景迈山你要搞得清楚，条例我觉得写得还是可以的，主要是落实问题，落实问题还是有很多问题。

段砚：我们现在来听听落实问题还有哪些问题。

岳媛：就是落实当中还有什么困难，然后存在哪些问题，需要怎么来改进，怎么来解决这些问题，我们就想来听听。

苏国文：我的观点不一定正确，所以现在就是要明确到底什么叫景迈山的遗产，我觉得大家思想观点不统一，包括领导都有不同意见，专家也有不同的意见。我们要保护首先要搞清楚到底我们的遗产是什么东西，我自己的想法是我们的遗产应该是主要由四个方面组成：第一块遗产就是目前保留的这些完整的生态系统，现

在全世界都在追求这种生活环境，但是我们现在很难再做出来，甚至也难把它保护下来。完整的生态系统在我们这里，如果是纵向比较我们已经破坏了很多很多；如果是横向比较，跟其他地方比较相对来说我们就比较好，有山，有水，有各种各样的资源。自古以来布朗人信仰万物有灵，一直坚持人与自然和谐共存的理念，凡是布朗人居住的地方，都保留着一个比较完整的生态系统，有万木丛林，有千花万草，有山有水，有各种各样的野生动物。这个应该是我们的第一块遗产，我们要保住的第一块遗产应该是这个。第二块遗产应该是什么呢？作为我来讲应该是古茶林，这个古茶林到处都有，但是像这样面积连得这么大，历史文化比较清楚的也就是独独这一块了。全世界也就是只有这一块了，这个也要保护，那么这个古茶林保护应该放在第二块，这个就是第二块遗产了。第三块遗产就是我们的民族文化，现在我们的民族文化有它自己的丰富多彩的特点。虽然我们文化艺术加工少，文字记载不多，但是部族口耳相传，人们脑子里面保留很多很丰富很神奇的传统文化，包括我们的节日，我们的丧葬、喜事各种传统，我们的舞蹈，我们的歌谣，我们的一些传说，各种经书等等，这些摆在第三块遗产。第四块遗产就是我们保留的这些民族建筑风格。所以我认为这四大块组成了这个景迈山遗产的整体框架，我们保护的时候也要按这个程序来，不能颠倒，不能只去保护一方面的东西，而把其他的丢掉，这样做不现实，这是一个整体。现在就是有点搞这样丢那样的一个状态。

段砚：苏老师，刚才您说到的第二个古茶林的这一块，那么就您目前来看就是说这个古茶林保护的一些措施还有哪些不完善的地方，还要在哪些方面再加大力度？

苏国文：古茶林的保护是复杂的，现在很多人只会提出保护两个字，要怎么保护根本就没有弄清楚，古茶林的保护首先第一条：它的历史轨迹一定要清楚。古茶林从它的出现到现在它成为我们自己栽培的茶园，根据我们掌握的史料大概有一千八百多年的历史，（始自）一千八百多年（前），大概是东汉末期，最早它是属于蜀国的范围，古茶林的权属是一个部落全体所有，跟集体所有财产一样。

段砚：就是部落共同所有。

苏国文：嗯，共同所有，后来第二个时期，部落又不断地再分出小寨子，那么就变成寨子所有。

段砚：寨子上所有。

苏国文：对，寨子上所有，第三个时期就变成个人所有了。基本上它就经历了这样的一个变革，建国以后到 1958 年到 1962 年，又从个人所有变成集体所有，入社了不是。然后又从入社到 1980 年改革开放，又回到个人所有，当时这些都有证书的，这些历史应该尊重它，既然它是遗产，原来它是什么状态，（就）保留它的原始状态不要去改变它。

段砚：您说现在的古茶树的权属是什么情况？

苏国文：有点说不清楚。政府曾经有过这样的一个调整，为了保护这块古茶林，专门划了一个砍柴山、木料山。这是我们认可的。

段砚：那么现在采茶是怎么采的？

苏国文：政府说采摘权是老百姓的，管理权是老百姓的，所有权是国家的。不能乱采，我们的老百姓确实是按照法律的规定（办的）。承包证上有的，还有一个就是以前的祖辈们划分的，哪家怎么分配的老百姓自己明白的。还有这个古茶园的保护和森林保护混合起来。现在把森林保护和古茶园保护弄成一个概念。这个是错误的。我个人想这是不对的。保护森林是以保护林地为主，保护古茶园是以保护茶为主。两个不同的概念嘛。原来我们是古茶园，现在改成古茶林。

段砚：那您认为怎么保护比较合适？

苏国文：我认为内容要清楚。就是刚才说的权属要搞清楚，由哪一家来保护都可以。你说茶办来保护也可以，联合起来保护也可以，林业局保护也可以。

段砚：就是要把权属划清楚。

苏国文：权属划清楚以后，古茶园就要定下来，古茶园首先一个问题就是每一年要不要适当地补栽。古茶园也是有生命周期的，有一部分也是会死亡的。我是坚持要补栽的。但是不能浓密地补，不能乱补，原来怎么样就怎么补。不改变它的种植方式。有些专家、政府就不给补栽，那么再过 100 年，就只有它的历史，现实古茶园已经不在了。实际上祖祖辈辈都是有补栽有管理的，它才存在到现在，栽培型的茶园怎么会没有管理？

段砚：现在每年都是有自然死亡的？

苏国文：有嘛，每年自然死亡不少于两三百棵。

罗渝涵：自然死亡啊，那么苏老师的意思就是说，如果这棵树死亡了，那么就在这个树的位置补栽一棵。

　　苏国文：对了嘛，这个是一个。你既然要让它生态共存，你不补栽它死了怎么共存？

　　岳媛：不可能让它违背森林的周期，让它永久不死。

　　苏国文：我们没有那种药，我们造不出来（笑）。

　　罗渝涵：苏老师，你们布朗族，比如祖宗有没有留下什么遗训，比如古茶园怎么管理保护之类的。

　　苏国文：要像爱护自己的眼睛一样爱护它。这是祖先的遗训。第一个就是要补栽。第二个是这个茶林里面要有树，必须有树。这是毫无疑问的，必须有树。要有林。但这个林如果影响到茶，树头要不要做适当的修剪？现在什么都不给做，说是不准管理不准动。你不给老百姓做，因为长期影响茶树，老百姓就悄悄地去把它的根搞掉，然后就一棵古树又死掉了。如果你允许去修剪，可能就不会把那个树搞死，因为修剪了之后就遮不到茶叶了嘛。嗯，这个是一个。第三个，茶树要不要适当地修剪？适当科学的修剪，凡是植物的东西，再老也好，年龄小的也好，都要修剪。如果出了病枝你不修剪，它就要扩张了，它就要蔓延了，这个要研究一下。然后这个古茶树的管理要怎么办？这个草，古茶园里有茅草、杂草，这个古茶树要怎么处理？我才回来的时候，整个景迈山的古茶叶都不管理，那个茅草已经把茶树缠绕至死，叶子都没有了。因为当时古茶没有价，人家不要，叫老百姓去铲草，他们拿不到钱不去，我用了三年的时间才把它的草铲开。我就跟他们（老百姓）说你那个茶地必须要铲，你不铲就交回来给我，我重新分配（茶地）。

　　钟泳洪：苏老师是没有任何的职务，全凭个人的威望来做（这些事）。

　　苏国文：如果你不砍开杂草，茶树怎么活？你的茶地你就要管理，如果你不管理你就交回来，我重新找人来整理。三年了，我才把它管回来，然后现在我们就要订立制度，我说我现在就是三年就砍一次，每隔四年，适当地铲一次，翻一次土。因为实际上那些杂草不长，它的根还在长，对茶没有影响。其实它对我的茶叶有用处，因为很多草是药，那个茶把药性全吸收进来了，这个也不能完全铲掉。三年要砍，第四年，再翻土，也不是连片地翻，主要是翻它根部的土。

　　段砚：是草的根部？

　　苏国文：是茶的根部，这个是一个。还有一个我们既然要保护，那么到底古茶园的古茶树我们一年要采几次？现在是一年四季都采茶。

段砚：您认为应该怎样采？

苏国文：我认为春秋两季就行了。

段砚：夏要养？

苏国文：夏不采，以前我们也是只采两次，而且以前我们祖宗他们是重在（采）春茶、秋茶，适当地采，还不采多，秋茶也要适当地采，不采多，夏茶一律不采，他们是这样的。这是一个。另一个就是说这个茶园里面一些花草要怎么保护，有些人进去茶园里面看到花开就拔去，看到一颗药就拔去，你说这样做以后还要得成吗？特别像现在游客多，还有古茶林里面的这些鸟要怎么保护。如果我们茶林里没有鸟就要出现病虫害，鸟和虫是有矛盾的，虫与虫之间也还是有矛盾的，这就是生态平衡。这些东西应该怎么保护，我要提出来。还有，既然是遗产，我们古茶园能不能卖，能不能出租给别人，能不能出租给别人用？

段砚：您认为呢？

苏国文：我认为既然是遗产就不能租，一个都不能动，原来老百姓的就是老百姓的，一个都不能动，任何人不要来这里面插这样牌子那样牌子，不要插，你插了，这个古茶园又是世界遗产，就要让全世界都共同享受。一旦进入商业化，商业化它最大的毛病就是，一旦是归属于他的东西他就不让别人得到。所以你们考虑一下。这个是古茶林的保护，然后就是真的出了病虫害要怎么办？你不可能不除，原来都除过的。

段砚：原来除病虫害是怎么解决的？

苏国文：原来除过的，一个是人工灭虫，再一个是过去是在那里念经，做什么做什么啊，不用药的。

段砚：如果是像您说的这种大面积的虫害发生的话，是不是还是要用药？

苏国文：如果出现那种严重情况，药是要用，但是要用什么药这个要考虑一下。不然全死了怎么办？

段砚：也要研究。

苏国文：嗯，用什么药，或者说什么药可以用。那我就找一种有效的其他方法。现在科学那么发达，不能伤害到消费者。还有一块就是，要认真地保护一下民族文化，实际上如果我们把民族文化的旗帜竖起来，让人们都回到原来的思想境界，这个保护就好解决了。

段砚：具体是什么思想境界？

苏国文：以前像我们小小的时候，哪棵树如果已经被定为神树，拿刀给你叫你去砍你都不敢去砍。比如人家规定了，茶园里面的一些树有的不能做柴，有些老百姓当时砍时他没认出来，砍回去到半路发现不对，又背回去留着。这就是必须要用信仰来保护，像过去一样。没有信仰，道德就弱得很了。

段砚：敬畏心。

苏国文：对，敬畏心。现在那个敬畏心都没有了。法律也是有必要的，很重要，但是这个法律跟信仰是两码事，法律是在被动的前提下来控制人的行为，但是这个信仰它必须遵循自然，发自内心，这是不同的。我就说我们老百姓家，我们的祖祖辈辈在这里已经生存了一千多年，还把古茶林保护得这么好，现在我们就破坏这么多，你说这个还能要吗？这样下去不行。还有这个保护问题，除了控制我们内部的老百姓破坏行为，关键是在于防止很多外部破坏。

段砚：您说的破坏主要是哪些地方？

苏国文：砍树、打鸟、打野兽、来采摘我说的古茶园里的这些花草，外面来得太猛了，内外都要控制。以前小时候我看到的那些动物不见了，旧的都没有回来，回来也被他们撵走了。马鹿回来了三头，后来又不见了。应该是古茶林临界地周边的人打的，我曾经去找林业局，问马鹿不见了，哪个部门来负责，我问过他们，保护保护，（为什么）马鹿都弄丢了。

钟泳洪：当时好像是想着有一公一母刚好可以传下去。

苏国文：已经传了的，有一只小崽，不知道是谁猎杀拿去吃了，孔雀回来了几只，现在一只都没了，被人拿去了。这一片和勐海接壤了，这边保护得好，也需要勐海那边一起行动。

段砚：古茶林的保护真是得全方位地保护。苏老师，我想请问您，景迈山的古茶叶这些茶很好喝，可以产生经济价值，您觉得要怎么来保护更能使景迈山的茶叶体现它的品牌？

苏国文：现在家家户户都在做，这个也好。过去也是家家户户做，问题的关键是，做茶的这些人，来的老板多，各人有各人的客户，来的客户传播的信息都不一样，你要这样做，他来的话又要那样做，就搞乱套了。

段砚：干扰了景迈山做茶的工艺和技术。

苏国文：我们景迈山的话就是按照传统来做。

段砚：传统是怎么做的呢？

苏国文：传统就是家家户户都做，但是必须有一条，老老实实做人，堂堂正正做茶。

段砚：你们过去的做法实际上就是晒青吗？

苏国文：嗯，晒青。

段砚：但是外面的人传进来的技术，就是什么味道都做出来。

苏国文：嗯，什么味道都做出来。原来不是有台地茶进山嘛，老板们教给老百姓古茶装多少台地茶装多少合适，各装百分之几。我告诉他们不要乱教，我们老百姓根本就不知道百分之几。我让老板们到我这里，告诉他们不要乱教，让他要弄就去外面弄，不要在这里弄。

段砚：我们看到景迈山口有卡，外面的茶叶是不是运不进景迈山了？

苏国文：还是会运进来。但是已经很少了，不像以前了。现在这个景迈山口堵路（不允许拉茶上山）也是我弄出来的，以前政府不让弄，后面我弄出来了，但政府说我没有执法权。

段砚：现在外面如果拉茶叶进来，景迈山这边是直接没收掉吗？

苏国文：如果是我们发现，然后就直接没收，直接烧掉。

段砚：您现在还这样做吗？

苏国文：还这样做，只要我看到，我就直接没收。让老百姓去看，然后烧掉。就在去年还烧了一车。

段砚：那景迈山除了古树茶，还有其他种植的茶吗？

苏国文：现在我们已经把原来人工打药的台地茶改造成生态茶了。已经停药大概五年了。我们把原来的台地茶改造为生态茶，这就是我们作为当代的劳动者在创造一千年以后的古茶林。

段砚：关于景迈山的民族文化您有什么看法？

苏国文：我的生命是有限的，我已经76岁了，如果我不做景迈山的民族文化传承的话，别人来做就做不好。现在能完整地掌握景迈山文化的人已经找不到了。这种文化说来就话太长了。弘扬民族文化也能对保护古茶树起到作用，要把民族文化实实在在地做起来。民族文化有一定的宗教色彩，但这个民族文化不叫你去偷，不叫你去懒，不叫你喝酒，不叫你吸毒，不叫你打人，它是向善的，这个和现在的社会主义核心价值观是一样的，只是说它的表现形式不同。

罗渝涵：苏老师，现在景迈山、布朗族的文化是怎么传承的？有没有学校教育方面的？

苏国文：就是我在景迈山这里做传承了。

段砚：有哪些人来听？

苏国文：假期我给学生传承，平常给青年人、老年人传承。

钟泳洪：是啊，我就是其中一个（笑）。

段砚：他们都是很尊重您的，一说起苏老师，就说是为景迈山做出了重大的贡献。

苏国文：我现在就是想，要是政府盖一个民族文化传习馆就好啦。

段砚：现在政府没有每年固定的投资在景迈山古茶园、古茶的保护这一方面，没有这方面的专项投资吗？

苏国文：政府做的也有，比如台地茶改为生态茶，也是政府弄的。还有规定不能乱砍古茶树及周边树木这个也是对的，但是它不清楚的是有些该砍的地方都不给砍，我觉得还是有些地方做不到点子上。我认为一定要把森林的保护放在第一位，古茶林的保护不能太空洞，保护的措施要有具体的内容，现在就是内容没有。

岳媛：保护不是说不能动，还是要有科学恰当的方法来管理。

苏国文：是。就是要有具体内容，把森林保护好，把古茶园保护好，把民族文化保护好。

岳媛：要做好这些工作，工作人员还是要进行深入调研。

苏国文：要深入调研，不是坐在办公室里面做。坐在办公室里面干不出什么名堂。你看民族文化又不懂。你坐在办公室里研究民族文化能研究出什么？

段砚：苏老师，那邦崴茶和景迈茶是什么关系？

苏国文：我以前也了解过邦崴古茶。实际上那个邦崴古茶在我们心目中是很重要的，是布朗族祖先栽下的。如果要跟踪源头也是布朗族先民留下的。

钟泳洪：邦崴也是布朗族栽下的，那么，布朗族与茶叶有很密切的渊源是吧？

苏国文：布朗族实际上是 56 个民族中最早发现茶叶、认识茶叶、应用茶叶的民族之一。是之一，不一定是布朗族最先开始的。

钟泳洪：比较客观。

苏国文：（之所以这样说，是）因为在布朗族迁徙的路线上，只要他停下来，不论时间的长短，都留下了种茶的痕迹。

段砚：但是那片茶林没有这片茶林完整，保护措施也没有这边好。

苏国文：邦崴那片茶林可能是迁徙时种的，不是定居时种下的。我们这里在史书上是这样描写的，祖先停下迁徙，决定居住在这里。也就是邦崴那片是在路过的时候种的，景迈山这片是祖先停留下来定居时种的。

段砚：苏老师，今天我们学到了很多东西，您今天晚上谈到的这些东西，每一句话都值得我们细细领会。您认为目前保护的条例是很好的，但是需要细化解决许多问题。一是古茶园的保护是一个生态系统保护，要有系统化保护的理念，在此基础上采取科学有效的措施对古茶树进行管理和维护。二是要弘扬少数民族文化，把对古茶树的保护与布朗族的一些信仰连在一起，以其倡导的信仰来强化我们保护的理念，要对古茶树和大自然有敬畏心等。再就是在现在市场经济的情况下，弘扬传统制茶工艺，追求自然朴实的品质，老老实实做人，堂堂正正做茶。通过政府的管理及村民的自律把对古茶的逐利行为和保护茶树的理念有机统一、有机结合等这些都是一些很好的思想，谢谢苏老师！

苏国文：大家互相学习。我也在思考这些问题呀。

钟泳洪：今天苏老师是把他对古茶树资源保护的想法都谈出来了，"古茶园的守护者"，这就是别人对苏老师的评价。

段砚：对，衷心谢谢苏老师，我们全体的组员深夜到您家打扰您了。

苏国文：其实我们也不懂，只是我在收集，在研究，在整理，我也是不懂，我也在学习。

段砚：我们都是向您学习。您多保重身体。

杜春峄访谈录

　　被访人简介：杜春峄，女，汉族，69 岁，澜沧古茶有限公司董事长，"全球普洱茶十大杰出人物"，普洱茶传承工艺大师。1966 年参加工作分配到景迈茶厂；1977 年担任县茶厂副厂长，主管技术；1998 年组建澜沧古茶有限公司。

　　访谈人：段砚，姚俊颖，岳媛

　　访谈时间：2019 年 4 月 10 日 15：00—16：30

访谈内容：

　　段砚：杜总，您好，2017 年普洱市出台了古茶树保护的地方条例，接下来要进行实施细则的制定，澜沧古茶公司作为以景迈万亩古茶园为依托，集种植、生产加工、销售为一体的普洱市综合性茶叶知名品牌，承载着很多的社会责任。无论是企业还是您本人都为普洱的古茶树保护做出了巨大贡献，为此我们想请教您对保护古茶树资源有何看法和建议。

　　杜春峄：对于古茶树保护，政府给我们企业的责任也有，主要我们都是自觉自愿地保护，是因为爱啊。那是一辈子的事，茶教会了我怎么做人。茶还教会了我怎么做商。现在古茶树价格上涨，大家都被利益所驱动了。好几个古茶山现在被采得光秃秃的，所以说才要立法保护。四年前我们在景迈山包了一片 20 多亩的地，我们就去做示范，三年没采，三年都只是打点采摘，所以效果很好。

　　岳媛：什么是打点采摘？

　　杜春峄：打点采摘是我们茶行业的一个术语。就是打树最上面的那一片叶子，小茶树才出叶的那几年，三到五年都只是打点采摘。采高留低，采中间留边边，这个就是为了让它的树冠和树幅形成。最起码来讲，每一个枝杈要留一叶到两叶叶子才行。嗯，如果每一个枝杈都没有叶子，不留叶采摘的话，遇到天干，那一个枝杈就会死掉，干枯死掉。死掉的话，它这个树型和树冠就会越来越小、越来越小。现在百分之七八十的古茶树林都是这种状态，采摘的时候不留叶。像我们景迈的话就是提倡打点采摘，具体的我也记不清了，怕已经有七八年了，去年是有森林公安还有政府去倡导的。我们公司是在 8 月 15 号以后进行打点采摘。那个时候是不允许收茶叶的。六月份开始，就是两个月半不采，这就像人家大理洱海封海一样。

段砚：其实都是自然规律，要尊重自然规律。

杜春峄：一通百通，你记着，所有东西生生不息的都是一个规律，一个自然规律。

杜春峄：像去年的春亿，就是我们示范点那里，三年不采，茶叶干茶收购价为（每公斤）3 000 多元。

段砚：这个就是三年没有采，一采管三年。（笑）

岳媛：反正价格、品质这些都会回来。

杜春峄：对，它又会回来的，景迈、芒景的茶叶有一股野气。以前古茶经济价值不是那么好，留叶留得好的时候，每年采摘那个叶底，眼睛闭着去摸的话都能摸到那个叶面上的毛，那个毛都是硬的，就像那个蓑衣毛一样摸得到。我们那个示范点现在也是摸得到那个感觉。

段砚：那就证明留养是非常重要的。

杜春峄：相当重要。古茶的品质要保持在它原来的那种特征的话，留养是相当重要的。要保证它的树冠树幅，非常重要。要不然现在景迈山采去采来的，一年要死好几十棵，就是采得光光的。

段砚：现在政府规定怎样养护古茶树？

杜春峄：政府不给动古茶树，这也行不通，老百姓不知怎样养护。虽然说景迈山是以前布朗族、傣族的祖先留下来的，但不管是哪个民族的祖先留下来的，留给子孙后代的，现在都听政府的。哪些能做，哪些不能做。要规定出来，而且要有可操作性。

段砚：像景迈山有那么多的合作社，但是合作社又干预不了，你觉得哪里能管呢？比如说今天，像刚才您和我们说的一样要留养，像你们澜沧古茶做的示范，怎么样让所有的人来效仿你们？

杜春峄：这个可能有点难。

姚俊颖：澜沧那边有茶叶协会，他们的推动作用大不大？

杜春峄：协会的话还是民间组织的。其实最管得住（人）的是村规民约，这个村规民约是力度很大的。把这个古茶树的保护条例和村规民约紧密地结合在一起。像景迈的话，我们的合作社我们的话还是听的。他不听的话，他的茶叶我们就不买。我们家的话就这三四年来，单只是 4 月 10 号以前，我们都是收到 160 到 180 吨左右。我们今年 4 月 5 号之前进厂的就有 80 吨了。就是说基本上我们是大头。

段砚：他们有些是卖到外面，但是大多数都是卖给你们。

杜春峄：嗯，卖到外面的是有，但是不多。人是来得多了，但是毕竟价格高，量比较少一点。

段砚：所以澜沧古茶公司的这种引领、带动还是可以起一定的作用的。

杜春峄：我觉得是只要坚持还是能起一定的作用的。（笑）

段砚：要坚持。

杜春峄：日复一日，你看我们多少年来，而且你看那 20 多亩，我每一年都不用采茶，你说你家一年采了多少钱，我就给你了，让你留养三年。我们那座山头的价格，就那样。

姚俊颖：你们这边公司里面对茶叶的养护标准是不是有明文的规定？收茶过程中有没有要求农户怎样去管护？

杜春峄：我们规定老百姓不可以不留叶采摘，我们和他们签了合同，在采茶之前，我们先培训，贯彻培训。

岳媛：前两天我看电视上您接受采访时说邦崴茶王树的茶叶要留叶采摘。

杜春峄：今年邦崴茶王树那个老叶子掉得比较多，本来每年采茶的时候老叶子不会一起掉，它今年是左一叶右一叶地掉。今年下冰雹，所以对它有一些刺激。所以我就说少采一点，多留下一点。我们去管邦崴茶王树的时候是 2006 年至 2012 年 6 年。要在管理的前期，大概是 2005 年，把云南农大的周洪杰老师，搞植保的专家请来指导。我们是要去种绿肥，还有就是把地挖泡，种一些豆子之类的。而且我们每年都要施肥，要把沼气水挑去，到冬天把土挖起来，撒上沼气水，然后用稻草覆盖。一个是为了保水，另一个是为了保湿。

段砚：杜总，我们刚刚谈到的古茶树保护，可操作性应该从哪几个角度来考虑？企业应该做什么？老百姓应该做什么？合作社应该做什么？专业人士应该做些什么？

杜春峄：我觉得首先应该是把怎样规范管理排在前面。规范管理，要有一个标准，比如采摘季，采一季，采两季，或者采三季。采两季要怎么采？采三季要怎么采？这个是一定要按标准来做的。专业的标准定下来之后，真正的实施的话，我想的是：政府赋予茶特局，赋予协会、合作社权力。一定要有这些人。最后执法的主体要在村公所，要村公所来执法。

姚俊颖：为什么呢？

杜春峄：可以把村规民约结合在一起，立法就要明确好执法的是谁，就是有执法权的。要不然虽然写着，但是却不知道谁管，谁也不管。我觉得执法的主体应该给村公所，村公所是负责任的，如果村公所不负责任，农户有意见，村公所就会马上调整。如果是把执法权的"尚方宝剑"给村公所，那就好办了，因为这种事情和村公所工作息息相关。而且他们是最了解情况的人。

岳媛：杜总，古茶市场价格您如何看？

杜春峄：现在古茶是稀而贵。景迈茶不是没有特点，是量太大了。

段砚：这种最高价格能卖到多少？

杜春峄：我们卖得最高的就是去年的那 5 吨春亿。

岳媛：刚出来的时候是每公斤 3 000 多元。

杜春峄：景迈山的茶价就是我们家挺着的了。

段砚：你们去年的收购价是多少？

杜春峄：我们去年春亿干茶收购价就突破 1 000 多元。今年古茶叶价格趋于正常化了，不管是哪个山头，老板去乱的已经少了。

段砚：老板去乱是怎么回事？

杜春峄：从 2007 开始到 2018 年，十多年了，老板主要是去包茶树，炒作古茶。现在有些爱茶的，自己也收藏一些了，有些做茶的人做的呢，也很难突破一些"瓶颈"，就是趋于正常化了。

段砚：其实时间让很多东西沉淀下来了。

杜春峄：如果再这样下去是不行的了。但是如果我们还不开始养护，问题就更严重，我们就会把茶市带入更低的低谷。如果我们很好的保护的话，我们在品质各方面就是平稳的发展。老百姓有古树茶已经够了，老百姓应该是满足了，现在有古茶树的都是"土豪"了。

段砚：所以说祖先太智慧了，留给子孙后代那么多东西，所以我们说景迈山的人民享福，幸福指数高。

　　杜春峰：老百姓还是想多赚点，这是人的欲望，逐利和保护永远是矛盾的。但现在他们就知道了，从 2007 年到 2019 年，市场的这种波动性。他们现在知道如果要有人去培训，有人去引导，（收益）还是可以控制的。

　　段砚：也就是说，他们知道这些东西是要带给他们财富的，慢慢地养护，自己得到的更多。就像刚刚你说到的，我们澜沧古茶公司把那 20 亩地拿出来做示范，实际上已经做出示范了，然后是相关的培训，我们澜沧古茶公司也有要求。我们和合作社也签了合同协议，（规定）要达到什么程度才采摘。

　　杜春峰：对老百姓一定要不断宣教。像我们的话，就秋茶做七八吨十吨，还是卖得出去的。我采两季留一季，去年的话，春茶让老百姓采，到秋茶的时候采一芽一叶，为什么要采一芽一叶呢，人家说春茶最好，秋茶最香。香是香在哪里呢？它是短型的，综合素质赶不上春茶，我就要做漂亮一点，一芽一叶很漂亮，这是第一个好处。第二个好处呢，是为了保护古茶树，它有两片叶子，我就只要一芽一叶，那就必然要留下一叶，我的这一个定位，也促使茶农养护。

　　段砚：春茶是采一芽两叶吗？

　　杜春峰：一芽两叶、一芽三叶，都是老百姓采的。

　　段砚：一芽两叶、一芽三叶，而且它们的梗部采得比较长。比较有回甘。

　　杜春峰：我去年秋茶的价比春茶还高。

　　岳媛：因为样子好。

　　杜春峰：对，因为一芽一叶漂亮。

　　段砚：如果我们景迈山的茶只采一季，在它的品质，或者在其他方面提高一点，能否行得通。

　　杜春峰：行是行得通的，但是我觉得采两季是比较科学的，如果说两季都留起来的话，对它的刺激不到位。

　　岳媛：他们不是说越不采越好？

　　杜春峰：不是的，采养要适中。

　　段砚：就像刚刚说的一样，留养三年，毛尖尖都是摸得到的，它的自然就出来了。

　　杜春峰：它自然的话毛发就会更粗。

段砚：杜总，你们这边关于养护指导这些措施有没有专门的部门去做？

杜春峄：我们有专门的技术部。只要是我们的合作社都会定期地去指导他们。就是说操作性条款不一定在于多，如果说不够的话可以添加，但是一定要有可操作性。就像我们那个诚信联盟产品一样，它不是不好，是好的，但是可操作性不行。

段砚：诚信联盟出发点是好的，他就是想着几家搞在一起，但是为什么就是没有推出来呢？

杜春峄：因为景迈山申遗，像我们这种大企业去景迈山要一块地是要不到的，但诚信联盟要求原料要在当地加工，而我们又无法在那里加工。还有抽检的方式，没有压饼就抽检一次，都是有监控指导的。但是压好后包装好后还要抽检一次。抽检的时间又要十天半个月，这个对于我们企业来讲是不利于资金周转的。而且像我们的 001 不出来人家就不付钱，如果再等十天半月，我们资金就会周转不过来。

段砚：现在景迈山上面的茶树，如果有生病、长虫的话，是不是没有人管？

杜春峄：现在大家都不敢管。像那个茶毛虫，不打药，也可以用其他方式来做，比如茶毛虫的卵是在地底下，等到它寿命终结的时候，蛹就在地底下，如果说是可以了就在土底下，去古茶林里没有古茶树的地方用火烧，在树上的就用烟熏，在地底下的蛹的话就会被烧死。而且烧的地方，又可以作为肥料施在古茶树上。

段砚：做肥料嘛。

杜春峄：但大家现在都不敢弄。

段砚：因为什么呢？

杜春峄：因为怕担责。像我们以前的祖祖辈辈，一年要放火烧山一次。一年烧一次的话，杂草就不生，而且不会把那些乔木烧死。我们的松树长得很好，那时候是不生虫的。在放火烧山的时候，有些小虫的蛹就烧死了。现在不烧，几年烧一次的话就会把大树烧死。其实这个自然规律是，不烧火牛也没有草吃，也没有肥料。没有肥料，所以枯竭了，就变成杂草林了。

岳媛：现在古茶园也不允许牛进去了。

段砚：连牛粪也没有了。

杜春峄：肥料也没有了。

岳媛：他们说有牛粪的时候和现在长的都不同。

杜春峄：牛又不吃茶叶，羊是吃茶叶的。那个牛是进去越多越好。

段砚：现在是什么人都不敢批准了。

杜春峄：所以就是说我们没有启用专家这种功能，什么是好的，什么是不利的，有利的就是应该做的，没有人去分析这些。我举一个例子，高密度留养，高密度留养今年是第九年了。说是高密度留养就是所有茶要像景迈山古茶树一样，不给根锄。景迈山的古茶树一公斤的鲜叶都是上百块，但是那些小茶园的一公斤也就几块钱。如果你不给根锄不给修剪，它每年的产量就少，老百姓就没有兴趣了。我今年去进安康的（茶叶），就让它根锄，给它施肥，给它修剪，然后提前 20 天采摘。

段砚：你说的根锄是什么意思呢？

杜春峄：就是中根，中根的话阳光就透得进去，保湿、保肥又好。

岳媛：就像现在保护古茶林，旁边的树也不让它长得太好，如果长得太好的话，会把光遮掉。其实也是可以适当地修剪。

杜春峄：这些都要邀请专家来论证，而且一定要有可操作性。我们做的目的是让它更好。要明确规定要怎么做对茶树好，怎么做茶树效益好，然后老百姓的效益又不减，做的目的和意义一定要明确。

段砚：嗯，目的就是要让古茶树资源的发展更好，茶农也好，茶企业也好，生态资源又得到保护。包括您刚刚说的村规民约，下一步我们再细化一下，可能更会有一些意义。

杜春峄：最了解情况的就是村公所了。要让茶农明白，要怎么做才符合法律法规，才不会出问题。怎么做了，茶树才好，你们才好。要让他们明白什么是不能做的，不能做的就是火，就是电，就是不能触碰的"高压线"。如果说可操作性有了，执行的话就是村公所了，但村公所工资是很低的，工作是很多的。或者是把村公所的人纳入森林公安的编制。

姚俊颖：就是给他们执法权嘛。

杜春峄：就是执法应该怎么做？为什么要这样做？执法还要做一个培训手册。

段砚：也就是村规民约和实施条例结合起来。把实施细则确定后到村公所推广。

杜春峄：而且不遵守规定的那些人就要让他上榜。

段砚：好的，杜总，今天学习收获很多，太感谢了。以后实施细则的制定可能还需要您继续提供帮助支持。

黄劲松访谈录

被访人简介：黄劲松，男，布朗族，澜沧县惠民镇景迈村芒埂小组人，1978年2月2日出生，景迈村老酒房小组村民，澜沧县茶叶协会副会长、澜沧景迈长宝茶厂厂长、澜沧县景迈宫景秀古茶生产农民合作社理事长。

时间：2019年4月3日10：00—11：30

访谈人员：段砚，姚俊颖，罗渝涵，岳媛，钟泳洪

访谈内容：

段砚：今天专程来拜访你，请教一下我们景迈山古茶林的现状以及保护方面的一些情况。

黄劲松：好的。

岳媛：您家是什么时候开始种茶的？

黄劲松：我们景迈山是世代以种茶为主了，一直延续到现在。我家做茶生意是从我父亲黄长宝开始的，是景迈最早出去销售茶叶的人家之一。开始路不好，都是人背马驮拉出去，主要是送去勐海茶厂等国营茶厂。1999年开始来芒埂这里建立澜沧景迈长宝茶厂。从2003年开始就把景迈茶（古茶）和台地茶分开，那个时候就去勐海开始分开来压制茶饼，那时候古树茶和一般茶叶还不分家，当时很多人还很奇怪，为什么要把茶叶分类来制作。

段砚：我们景迈山这几年来知名度越来越高，对于现在古茶林的生长情况，古茶林的保护现状您怎么看？

黄劲松：我们家是土生土长的景迈人，家里有古茶园，对古茶林算是比较了解的。我们祖祖辈辈，以茶为生，以茶为业。景迈古茶山就是我们的传家宝，也是我们的衣食父母，我们也想把它保护好，世世代代传下去。其实古茶林十几年前已经发现了一些问题，并且已经在努力地进行保护了。

段砚：有些什么情况危害到古茶林的存在？

　　黄劲松：你们不是经常过来，这里每天人来人往的，有些情况却是大家看不到的。其实每年古茶树都有不断死亡的，而且数量不小。这不单单是景迈的个别现象，其他我去过的一些古茶山也看到古茶树死亡后的情况。芒景也存在，整座山都存在这个情况。茶树是一种植物，也是一种农作物，它会生存也会死亡，这几年这种情况其实更严重了。

　　钟泳洪：每年大概会有多少古茶树死亡？

　　黄劲松：我们家去年到现在大概死了四五棵。我家里算是死得比较少的，因为今年干旱，我家茶树死得比去年更多一点。因为我家专门研究保护古茶树，防治植株死亡已经做了十几年了，算是很有一些效果，死亡率是很低的，所以（死亡的）数量不多，其他老百姓家恐怕更多。我家的茶树，主要是一些病虫害导致死亡的，比如白蚁。其他的因为我管理得当，还没有见到死亡。

　　段砚：你有没有统计过，每年整个景迈山大概有多少古茶树死亡的？

　　黄劲松：这个我不敢说，你们可以自己算一下。因为每年气候不一样，同时老茶树它也会自然死亡。景迈山有两个村，景迈村和芒景村，景迈有 8 个村民小组，芒景有 5 个村民小组，大概有 1 000 多户人家，古茶林面积 2.8 万亩，我没有详细统计过，也不敢乱说，但每年数百株死亡应该是有的。这其实是一个很严峻的问题，祖先把古茶山传给我们，世世代代，我们每一个子孙都有责任把它保护好，应该让以后的子子孙孙都能看得到。

　　钟泳洪：你有没有研究过，造成这些茶树死亡的具体原因是什么？

　　黄劲松：我觉得总结下来，原因主要有几点：一是病虫害；二是缺乏合理的管理；三是人为的原因。

　　段砚：能具体地说说么？

　　黄劲松：好的。首先，病虫害对古茶树的破坏。我们这里的病虫害主要有几种：首先就是白蚁，白蚁导致茶树死亡的最多，白蚁吃茶树根，从上面看不到，发现的时候茶树已经救不了了；除了白蚁还有一种钻心虫，这种虫专门在茶树心里吃树，外面看着一棵棵茶树不长叶子，里面就是这个东西在弄，如果发现不及时，最后茶树心吃空把茶树就弄死了；还有一种虫叫长白蚧，又叫茶虱子，这种虫借风雨传播防不胜防，感染之后一棵树都被白颜色的一片包起来，吸收茶树营养，破坏茶树组织，慢慢茶树就死了（以前都是打药来治），只是现在都不敢打药了，只能靠修剪茶枝增加光照来治理，这种虫在阴暗潮湿的环境更容易滋生。最后就是一些病害，也会让茶树慢慢死亡，我们具体就搞不清楚病因。这个不是一天两天了，任何植物都有天敌，它的天敌也有天敌，这就是生态平衡，但现在跟多年以前不一样了，茶林里以前有牛在里面吃草，有熊、有豹子、有马鹿，有蛇、穿山甲、孔雀吃蚂蚁，现在都没有了，环境越来越被破坏，病虫害无法通过生态系统来消化，没有人工干预情况已经无法控制，这些问题如何解决成了一个很头痛的问题。

段砚：其他的问题呢？

黄劲松：第二点就是管理。现在很矛盾的一个问题就是古茶树是否需要管理的问题。也就是现在的生态环境下古茶树没有管理，能不能生长好，能不能存活下去的问题。从 2007 年开始，古茶林已经不准动了，政府已经不允许对古茶林里面的任何树木进行砍伐。后来澜沧县和普洱市又出台比较严格的古茶林保护条例，所以严格来讲管理已经是有依据了。但是从历史上看，我们景迈山的古茶林，是人工栽培型的古茶园，我们祖先在这片茶林里世世代代栽培管理古茶树，我觉得这也是这片茶园能保存一千多年的原因，我们这片茶园的茶树跟野生的茶树是不一样的。所以我认为景迈山的茶树是需要管理的。这跟家养的动物和野生的动物（的区别）是一样，家养动物你把它放回森林里去，不理不管，它还能不能活下去，活得好不好，这是一个很显然的问题。

钟泳洪：那么根据你们家多年的经验，需要怎样做对古茶树才能更好一些？

黄劲松：首先大前提，古茶树林里面的生态环境不能破坏这是肯定的，里面的树木和花草也不能随意破坏，但是出于保护古茶树的目的，合理的管理应该得到允许。一是要不要除草，古茶园的杂草如果一年没有人管理它就会把茶树包起来；二是古茶林里的大树需不需要修剪。古茶园里的许多大树，枝繁叶茂，有的经常就是枝叶太密全部把阳光遮蔽起来，没有了光合作用，病虫害也会增加。如果不做修剪，古茶树早晚要出问题；三就是要不要施肥的问题，我认为适当的农家肥是应该施点的，比如猪粪、牛粪、羊粪之类。以前茶林里有很多动物、牲畜，粪便可以施肥，而且当时茶叶的采摘也很少。但现在不同了，有很多茶树都养分不足，有的甚至采摘过度，如果长期养分不足，茶树的生长以及寿命怕是令人担忧的。还有就是人为的因素。现在古茶树经济利益很高，茶叶价值很大，你说刻意的破坏，正常是不存在的，老百姓还巴不得天天把它保护好。关键的问题是缺乏合理的管理：一是茶树枝条的修剪。一直以来，古茶园里的茶树其实都是有管理的，老百姓为了有利于茶叶的生长或者增加产量都会对枝条做一些修剪。有的人保护意识不够缺乏技术的支持，自己就拿刀去乱砍，砍了之后雨水和虫病就从砍过的枝条伤口侵蚀，最后导致整棵古茶树死亡。这种情况是我在古茶园里见得比较多的，也比较严重。二是除草。有的人家用刀用除草机去除草，一下就一大片，一不小心就把茶树根部的树皮破坏了，一年可能看不出来，三年五年茶树就会慢慢地病变死去。这个问题如果得不到重视，以后会带来很严重的危害。

所以我认为对古茶树进行适当科学的修剪和管理是很有必要的，祖祖辈辈都是这样过来的，对茶叶的生长也有利，而且现在的情况就是你不让他管，老百姓他自己也会悄悄地去管，你不可能防得住。还不如政府站出来进行有效的引导，从有利于茶树的角度提供合理的技术指导和培训，让茶农学会如何可控制地管理茶树。

岳媛：今天我们来主要是普洱市出了一个古茶树的保护条例，那么保护条例实施下来了，我们就想来调查一下，可能以后会出一个具体的实施细则，更细致、更细化，主要是从法律的角度来做一些调研，听听你们的心声你们的想法，要怎么保护才会更好。

黄劲松：保护条例实际上在制定的时候我们都参加了，而且提供了一些意见。我的要求和建议：一就是希望政府能够做出科学有效的办法真正来保护我们的古茶树，尤其是通过科学论证的方法来指引我们保护古茶，并提供技术支持进行管理；二是希望政府对于景迈古茶和整个普洱古茶的原产地和商标品牌给予有效的保护，打击假茶次茶，打击伪造假冒虚假品牌和原产地的假茶叶，这是保护我们茶叶原产地和茶农利益的需要，也是维护广大社会消费者利益和推动国家法制建设的重要工作。就景迈山而言，这应当作为申请世界文化遗产的一项内容来抓。

段砚：好的，谢谢你！感谢你对普洱古茶树资源保护提出的宝贵意见和建议。

仙贡访谈录

　　被访人简介：仙贡，女，澜沧景迈人，傣族，1984 年 10 月生。现任普洱景迈山奉祖家园贡茗茶源茶业有限公司负责人，澜沧县景迈人家茶叶农民专业合作社法定代表人，澜沧县个私经济协会理事，澜沧县个私经济协会第十三届委员。2019 年 7 月，被选为第十一届"全国农村青年致富带头人"。

　　访谈时间：2019 年 11 月 26 日，20：30—22：30
　　访谈地点：思茅区林源路景迈人家品茗体验店
　　访谈人员：段砚、岳媛

访谈内容：

　　段砚：仙贡，你好，作为景迈山茶叶生产、销售方面成功的女企业家，景迈山奉祖家园贡茗茶源茶业有限公司的法人代表，2019 年你入选"全国农村青年致富带头人"，我们想和你聊聊关于古茶树的保护和你依靠景迈山茶带头致富的话题。

　　仙贡：2014 年我和弟弟到普洱来开了"景迈人家"（茶店），没有任何宣传，没有什么保护措施就（从景迈）走出来，更没有什么知识产权的保护意识，就是让茶叶去和市场接触。经过 5 年时间，现在昆明开了"奉祖家园"，考虑的是在昆明开店可以把自己所有的想法和做法放在更开放的区域，迎来更多的机会，就可以对外宣传景迈这个词，让外界接受你就是做景迈茶的，就是景迈的代言人。（这样做）同时也会迎来更多的挑战，但我觉得也值得去尝试。我一直说这 5 年像过了 10 年一样漫长，不仅有自身的成长，还伴随着大环境的变化，景迈山申遗活动的开展，如果申报成功，（景迈山）以后会成为比较有特色、也很珍贵的地方。古茶产品知识产权保护的措施也越来越规范。所以，在这样的保护中，我们感受到景迈山会保护得越来越好。但是，做事情的过程中又感受到有很多局限，现在的一些（古茶树）保护条例条款学是学了，但是不能透彻理解。颁布的条款都是透明的，但是操作性不是很强，在运用的过程中会遇到很多障碍。与其在障碍里挣扎不如跳出障碍看问题，你就会发现这只是一个区域性的问题。所以更加明确从最初级的状态带有品牌的性质跳出现有区域，再通过与外界的连接，所看到的那一面就会很宽广。从保有公司的原有理念，再来看顺应古茶树资源的保护，会发现你是在做更精致更有价值的定位。我历来一直坚持的都是做到一定的点一定要回过头来再重新梳理一遍，走过的路可以作为一种学习去走的，并不是为了盈利而去走的。所以说我在景迈什么都尝试过了，什么都做过了之后我就觉得还是一种经历，回望觉得这些经历都是值得的。

段砚：你能否给我们介绍一下现在的公司名称奉祖家园的由来？

仙贡：奉祖家园其实是家族企业，是我和我弟一起做的。是以合作社加公司，公司带合作社、带农户的形式在运行。奉祖家园的经营我和我弟是分工两个方向，我们是互补的。我偏向于人文情怀，倡导的是"奉茶为主，共爱家园，卓越品质，没有捷径。"不管是哪种类型我们都接受包容。但是在茶的品质上，没有捷径，要讲品质必定是踏踏实实一步一步走出来的，在景迈山茶的制作工艺上我们还是抵挡了很多诱惑，我们从来都没有因为多得多少钱而离开茶本身去做加工。所以，还是可以用功夫不负有心人来总结，这个过程中单靠自己去交流学习还是有些浅，因而读书让我受益很多，尤其是两本书《星巴克的创业史——将心注入》《海鸥乔纳森》。我们考虑以后客人买茶可以附送给客人这两本书。往往突破一个境界之后，你会发现你不是一个人，你会遇到跟你一样的群体。员工也是一样的道理，第一个阶段员工都是跟老板一起成长的，过了这个阶段，如果作为员工你没有再继续成长，我可能就会去找可以结伴同行的，可以共同成长的。

段砚：每个人的经历不一样，你的判断很好。

仙贡：我觉得现在也是才刚刚开始，从2005年开始家庭创业，每个阶段的做事意识和状态还是建立在大环境里，你需要不断地去突破自身。所以我一直都说现在国家政策是真的好，为了让民营企业做得好，就会营造更好的营商环境，也教我们遵纪守法。

段砚：你现在的想法很质朴。很多时候还是需要这种很本真的东西才能做好事情。

仙贡：说到本真，就像茶一样。现在进茶山的人特别多，卖茶的人找茶的卖点，但是做茶就要做出茶的本真。如果为了卖茶的人告诉你要做出他需要的气味或者是口味，那是为了卖茶而做茶。但是作为本地人你就要知道景迈山的茶的特性，哪个时段、哪个季节、哪种形态有什么样的特性，你就需要在遵循它本真的基础上做出它最优的品质。一定不能为了别人的需要而做，那样是为了卖茶而做茶，没有回到根源。

段砚：从景迈人家走到奉祖家园，其中文化的力量是你公司的灵魂，在文化建设这一方面你是如何思考一步步建构的？

仙贡：可能在成长过程中因为你接触的是景迈山的茶，和其他的不一样，就会吸引更多的人关注你、期待你，你就慢慢感觉到自己应该是景迈山的这种类型的人，应该做符合景迈山的事。我个人的性格和整个状态也比较匹配别人的期待，也会按着那个方向培养自己。（笑）

段砚：也就是别人对你的期待和你对自己的期许刚好契合，你是请专业团队在包装公司文化？

仙贡：没有，都是我自己。请外面的团队来包装，就不像自己了，一句话都要反复考究。别人跟你的营销，不是源于你这块土壤，你会觉得那不是我们自己的内容。全国人民那么多，不可能要每一个人都喜欢、理解你的产品、理念。你只要做好喜欢你的那么一部分人（的市场），把你的理念做好就行。

岳媛：茶叶品牌的名字是谁帮你们取的？

仙贡：就是我们自己商讨的。作为原住居民我们就是应该奉行祖先的意愿来共建我们的家园。那些茶品的名字也是我们自己想的。我都是写了好多名字，选了又选，一直思考哪个名字才能匹配这款茶的性格。比如春苒，春肯定是它出生的季节，苒就是春天的那种意境，想去传达的这款茶的气韵、香气都是匹配的。都是先有茶，了解茶的特性再去找名字匹配它。

段砚：这些茶的名字都很有诗意，对茶的描述也很准确。

仙贡：像菡秋也是一样，春茶很张扬，秋茶就很含蓄，茶香释放的过程需要时间的沉淀。所以还是先有茶品，才有名称。

段砚：红茶呢？红茶取什么名字？

仙贡：红茶就是布山、雅山，是我们傣族创世史诗里的人物，最早种茶和开天辟地的就是这两个人。雅山的整个制作过程很女性化，很柔。布山更烈一点，更符合男性形象。

段砚：包装也很好看。

仙贡：包装设计也是将景迈的景色、人文文化融合在一起，各种方式修饰，一看就是民族特色的，有故事的。很多人就是先感兴趣，才能讲其他内容。

段砚：包装确实很独特。

仙贡：我觉得更好的是每个名称后都有它的茶语，茶语就是描述每一款茶的特质的。我们这几年的茶制作工艺都是一样的，只是茶叶出生地不同，带来价格的不同。没有好与不好，各种茶都有自己的特点。

段砚：你怎么看待景迈山的少数民族文化与茶的关系？

仙贡：我认为不同的民族共居在茶山里，每个民族对茶的认识不同。因为每个民族对茶祖的理解不同，都有自己的认识。所以，对外宣传还是应以茶为主题再谈民族，这样更有包容心。以茶作为对外的一个支点再延伸民族，才能实现共建。茶应该放在民族之前，有茶才有各民族守护这座山的概念。所以，才会滋生出我所说的奉茶为祖共爱家园的理念。文化要伴随着产品。如果把文化放大到看不见产品，就又变味了。如果只有产品没有文化的支撑也还是难。所以说，两者要平衡就会发展得慢一些。我觉得值得花时间去做这个平衡。我们第一阶段就是要把这种文化作为我们对景迈山的情感基础，稳固了以后才会做产品的推广。没有文化底蕴的支撑，为了卖产品而做产品出来，我觉得心里的感受表达不出来。做这行走出来回过头去看，目前我们对景迈山的文化认知其实还是有点薄弱，应该在幼儿园的时期就植入这种本地（少数民族茶）文化教育。

岳媛：景迈有没有学校？

仙贡：有的，14个寨子（有学校）。

段砚：就像幼儿园要背诵三字经一样的，从小教传统文化？

仙贡：是的，就是将本土文化，茶的文化教给小孩子。课外学习，不当主课。

段砚：你们每年的祭茶祖怎么祭？

仙贡：傣族祭茶在寺庙里祭。每家最年长的老人会每一棵茶树都采一点，然后做了茶，第一泡茶敬奉给寺庙。寺庙里有礼数，要佛爷滴水念经祈愿茶树发得好，不要有虫灾。像傣族会选初一、初八、十五会自发将茶敬献到佛寺。祭茶要源于自然，你可以去整理，一直都有人自发地去贡滴水茶，可以形成一种好的节目，整理起来。场面多壮观的，几十个佛爷滴水，整理记录下来也是很好的。村委会对于民族的认识要更具体，他们就更适合来做这种整理记录的事情。

段砚：你们主要收的是景迈茶吗？

仙贡：就是景迈山的茶。因为我们自己的流通量还有很多空间。所以外面有窗口、站在品牌的角度，你可以带来的是茶品的流通、原料的订单，这个就看自己的专业度和整个运营的理念。

岳媛：你们现在的生产量大概有多少？

仙贡：现在么整个景迈山一年古茶有 100 到 150 吨。但是今年怕没有，因为今年秋茶不见发，因为养蓬养得大，春茶发。

段砚：主要是天干。

仙贡：不仅仅是天干，我觉得是养护方法跟以前不同，2005 年至 2015 年是属于在原有的基础上采摘量更大。现在回到 2002 年以前的那种，采得少，发得就不多。其实并不是减产，而是回归到它以前的状态，是好的事情。产量从以前的 200 吨降到 100 吨左右，并不是减产，是因为管理模式和整个方式改变了，让它回到以前的产量。你要创造的是从 100 到 200 的价值，靠什么？靠你的嘴巴去说不可能的，就要靠整个景迈茶的品质说话。你做成品牌后，还需要不断地去服务，因为很多人做茶都是卖了就卖了。其实，对普洱茶有后续的服务，除了那些大型公司以外，很少有商家做得到。

段砚：普洱茶的后续服务，这个理念太新了。

仙贡：后续的服务缺失就是商品交付以后就完成了，有可能顾客觉得普洱茶太奢侈，拿回去放着不喝不整，过一段时间就弱化了茶原有的价值。

段砚：但是后续服务有点难，你觉得后续服务可以如何去做？

仙贡：我觉得后续付出除了实体的这种人与人有温度、有氛围的接触以外，我觉得还是要借助于互联网的互动。但是仅有互联网还是属于交付性质，最多带来你的顾客在互联网上的再次消费，这样的服务也还是单一。我们公司有序的推进方式是将景迈茶的爱好者通过网络宣传让他们回到实体店，先建立稳固的关系再将这一拨人移到互联网平台。因为量要足够才能出现网络服务，以后再用网络带动实体，形成网络与实体互补。这就是宣传加实实在在的消费，消费可以在网络上直接下单，但是，茶的体验还是要在实体店。我们景迈山加普洱加昆明，准备得还是比较充分。

岳媛：这就是一种新的消费模式。

段砚：这个是立体型的多维的消费模式。

仙贡：我们是具备这种条件的。将顾客整合在一起，还是市场上真正适用的。（这样做）还是难的，还是需要一个过程。

段砚：确实很有挑战。

仙贡：不是你产品好就一定会被更多的人购买。

岳媛：你要顾客体验，关键的就是消费群体是分散的，实体店不可能遍布各个地方，这个也是一个难点。

段砚：是有一定的困难，但总的来说你是靠品质靠本真来打造你的品牌。

仙贡：没有辅助性宣传也不行，依靠口碑太慢。我们还是需要一些源于我们自身需求的尝试性的宣传模式。2018 年以后我们就启用奉祖家园的 LOGO 在市场上流通，在这个阶段，作为我们的老客户要作为一种茶品家人的方式进入有后续管理的群体。哪怕只是一个人，都可以来做些事。办 16800 元的会员卡你就可以享受到我们的福利折扣，让顾客先进入这个体系，你可以优先享用我们的空间，包括景迈山的一些服务我们也会优先给他。这是针对收藏或者爱好的茶叶品友这一群体。还有做其他行业，但是想和你的茶有连接的这种群体，我们也有小额的像办 65000 元、90000 元的会员卡的茶品合作。比如在服装店想给他的高端客户推荐茶品，在省外这样的多一些，我们就会提供小额的茶连接的服务。这样不仅有茶，还可以提供让他们的客户到景迈山进行原生态之旅这样的服务。所以，茶的服务不仅仅有茶，还有与茶相关的一系列文化理念、人文景观，还是比较丰富的一种服务。

段砚：这些设想很大胆，但是你现在已经有一定的资源可以支撑，只是在具体做的过程中发现一些问题，可能需要把资源再做进一步的优化整合。

仙贡：只有尝试，才能摸索方法，才能去调整。有时候想想还是冒险一些的。

段砚：冒险不成大不了回景迈山嘛（笑）。

仙贡：对，你跟我想的一样。我在昆明投了很多钱，但是我做好最后的退路就是大不了我回景迈。就是要做好这样的打算。

段砚：这样就是将各自的长处发挥出来了。现在政府正在推诚信联盟，你怎么看待这个诚信联盟？

仙贡：首先，我觉得这种组织结构是好的，但是回到运营的问题，以前合作社是属于农户个体合作，联盟属于单位组织，谁来做这个管理，需要组织和渠道打开的能力。一定要大户或原来就有工厂的人来做合作社的带头人。现在大公司或合作社组在一起做诚信联盟，我们不能够完全靠政府，政府不能为你的产品结果买单，只能用相关政策引导和指导。渠道还是要经受市场的检验，茶品必然是要卖出去的。我觉得这块目前还是有点薄弱，我们也讨论过，如果有可能，还是应该跟大公司大企业合作。合作社还可以有20%非农人口，诚信联盟如果可以跟大企业合作，还有增宽渠道的可能。要不然只是几家凑在一起，还是得挨家挨户地去卖，现在诚信联盟推进不了我认为这个就是主要原因。它还不像合作社，依靠我们自己的能力就可以去操作，它还需要几家公司的力量推进。

段砚：也就是说运行起来，其实吸引力不大？

仙贡：嗯。我们也是说应该先明确是要塑造一个什么样的品牌来对外？是要先预定、被订购再来生产吗？如果还是先生产一堆茶，还是需要我们自己去找卖处，我觉得目前运行的模式还不是很良性。茶叶品质就是靠一张嘴巴，一喝就知道。喝，觉得好，理性指标拿出来对应上就可以。如果一来就把数据亮出来，证明你对自己的产品不自信。欢迎你自己去检测，科学数据作为支撑就可以。做好品质是我们的本职工作，不需要别人来要求，要走入市场，市场就是最好的检测。

段砚：现在诚信联盟还是参加的人不多，是吗？

仙贡：因为它没有更多的实效展现给大家，大家还是抱着观望态度。

段砚：也就是说如果我加入你，我有什么好处还不清楚，简单说来是不是就是这种感觉？

仙贡：对，大家都会想这个问题。就像加入合作社我有什么好处？我们景迈人家合作社有224户在册农户，他们最初的好处就是茶不愁卖了，这个是解决初级阶段直接困难的。现在不是茶不愁卖，是茶卖了还有分红，这个是第二阶段。交了茶有分红，除了这些保障以外还需要其他福利的支撑。比如是不是带你出去参观学习？是不是有新的东西注入？

段砚：合作成员的需求也在不断的升级。

仙贡：是的，大家都有追求有对比。现在要考虑是不是要把合作社成员带出去，要带出去要花钱，就要考虑业务量是否起得来。

段砚：你带他们出去参观主要去什么地方？

仙贡：我还没有真正地站在合作社的角度去说带社员出去学习，只是观望着，要根据我们的实际情况选优的出去学习，还没有真正意义上的去实施这个福利。如果昆明（的点）还顺利的话，就有机会实现了。等到昆明窗口站稳之后，下一阶段我的工作的重心就回到合作社的管理，又滋生出一个新的愿景，要做规范的，实实在在能够给别人做参考规范的合作社。

段砚：做一个示范合作社？

仙贡：嗯。以前是一个比较粗犷的管理模式，内部来说不够规范。

段砚：精细化程度不够？

仙贡：是的，精细化程度不够高，合作社目前还是有很多结构性的问题难以解决，尤其是产权的问题。在我们的合作社，不需要任何资本就可以成为合作社成员，任何人想要加入景迈人家合作社都不需要出一分钱。彼此之间是在信任的基础上建立起合作关系，所以只有你做得足够好，才能在合作社内部有话语权，有管理权，才能实现带领大家走向市场的桥梁纽带作用。但我认为目前还没有实现真正合作社的价值、意义。你为什么能够成为指导性的合作社？这个是最实在的问题了，你跟老百姓打交道，如果除了给你一个明天会更好的想象，还要你真正可以流动起来才真的实现了良性循环。

段砚：现在这些关于古茶树保护的村规民约你怎么看？

仙贡：还是制定得有点粗。

段砚：也就是为了本地的发展我们需要具体做什么的问题还没有考虑完整。

仙贡：实效性不强。比如说为什么不能这么做，应该大家一起讨论，现在就是出来的版本是我们不可以做什么，做了以后罚什么，就完了。

现代（的村规民约）要输出价值，说清楚为什么我们不能这样做，是为了要达到什么效果需要明确。

实际上奉祖家园的概念还是比较包容的，放到景迈山来看还是大家共享的，包括在村民自治的问题上。如果大家一起来商讨我们如何把我们这个家园治理得更好，做一些更人性化的东西，可能会更好。现在只是到了一个初级阶段。这个时代村规民约如果不结合科学的机制来管理，保护实行不了。因为社会已经发生了变化，现在要用新的方法，要结合生意这个面去谈保护。传承与保护很重要，当地的居民应该（把它）真正地当作自己的事情去践行去保护，而不是靠外界的力量约束。能做的就是将你的茶地有效地养护好，让茶叶有更好的价值。

段砚：我还是很欣赏你无论做茶还是做人都是坚持做自己的原则。

仙贡：坚持自己要扛得住外界诱惑和内部的压力，但是我还是坚持在这个时代做个不安分的人。在创业过程中还是心有余而力不足，这种时候可能还是条件不成熟，还是要坚持脚步慢下来。就像 2013、2014 年是我们整个景迈人家内部最饱满、辉煌的时候。2015 年到现在因为各方面的改造，我们就会发现用钱可以解决的问题都是小问题，用钱解决不了的问题才是一个麻烦。

段砚：你们节奏把握得很好，不急于扩张，保证品质，有品质自然就能生存下来。你对市场和时代的敏感度也是比较高的，跟时代的需求同步。

仙贡：谢谢你的褒奖。

段砚：今天的访谈从你这里学到了很多，谢谢你。

参考文献

著作:

1. 张文显. 法理学. 北京:高等教育出版社,2018.

2. 高其才. 法理学. 北京:清华大学出版社,2015.

3. 周旺生. 法理学. 北京:北京大学出版社,2015.

4. 朱力宇. 立法学. 北京:中国人民大学出版社,2008.

5. 黄文艺. 立法学. 北京:高等教育出版社,2008.

6. 周旺生. 立法学. 北京:法律出版社,2016.

7. 付子堂. 法律功能论. 北京:中国政法大学出版社,1999.

8. 于文轩. 生物多样性政策与立法研究. 北京:知识产权出版社,2013.

9. 谢晖. 法律信仰的理念与基础. 北京:法律出版社,2019.

10. 李孝川,杨毅. 民族使者——一个"布朗族王子"的生命叙事. 北京:人民出版社,2018.

11. 云南省普洱茶叶协会. 中国普洱茶文化新探. 北京:民族出版社,2003.

12. 黄桂枢. 中国普洱茶文化研究. 昆明:云南科技出版社,1994.

13. 苏国文. 芒景布朗族与茶. 昆明:云南民族出版社,2009.

14. 昆明戴特民族传统与环境发展研究所,云南省社会科学院社会学科研究所,中国西南文化研究中心. 布朗族村的农民茶叶生产合作社. 昆明:云南民族出版社,2008.

15. 虞富莲. 中国古茶树. 昆明:云南科技出版社,2016.

论文：

1. 顾天艳，王先花，周建云，高峻．云县古茶树资源普查与保护利用．云南农业科技，2020（1）．

2. 李永席．德宏州茶产业现状与发展对策．云南农业科技，2019（6）．

3. 邓睿，钟云华．勐海县贺开古茶园及其生态环境保护研究．环境科学导刊，2019（6）．

4. 高应敏，苏艳．普洱市古茶树资源开发利用与保护．云南农业科技，2019（5）．

5. 肖坤冰．贵州古茶树的生态环境及价值．当代贵州，2019（27）．

6. 张珊珊，杨文忠，诺苏那玛．云南古茶树保护与管理措施探讨．安徽农学通报，2017（23）．

7. 李江龙．景洪市古茶树保护现状及对策．绿色科技，2015（4）．

8. 宋维希，李荣福，刘本英，王平盛，马玲，孙承冕，段志芬，矣兵，周萌．云南省普洱市野生茶树地理分布和多样性．中国农学通报，2014（10）．

9. 王强，王馨，王清．茶树生长发育对环境条件的要求．四川农业科技，2011（12）．

10. 唐一春，杨盛美，季鹏章，汪云刚，宋维希，矣兵，马玲．云南野生茶树资源的多样性、利用价值及其保护研究．西南农业学报，2009（2）．

其他参考资料：

1. 原普洱市人民政府法制办公室．普洱市古茶资源保护条例立法资料汇编．2017．

2. 普洱景迈山古茶林申报世界文化遗产工作领导小组办公室．普洱景迈山古茶林申遗政策法规手册．2019．

3. 芒景村党总支，芒景村民委员会．芒景村遗产保护学习手册．2019.

4. 原普洱市人民政府法制办公室提供的立法过程资料．

5. 普洱市茶叶和咖啡产业发展中心提供的普洱茶地理标志保护的相关资料．

6. 《普洱》杂志 10 周年典藏．

7. 牛素贞，赵懿琛，宋勤飞．贵州古茶树的保护与利用．贵州日报，2019 – 12 – 25.

后　记

　　书稿终于完工，由于工作和个人水平原因，写作有太多的艰辛，但也有太多的感谢。作为土生土长的普洱人，有幸参加普洱市首个立法工作，并在该过程中记录自己的学习和思考，对于我和同仁们来说是一件非常有意义的事。我们进行相关研究，是为了表达对所生长的这片土地的热爱和感恩，更是对古茶树资源保护努力奋斗的人们表达深深的敬意。写作有如普洱茶采摘、萎凋、揉捻、杀青、摊晾、压饼到杯中的茶汤，个中滋味自知。

　　本书的完成，得益于原普洱市政府法制办主任刘勇老师提供的大量立法过程资料，尤其是在写作过程中给予的耐心帮助和不断的鼓励；课题组顾问——原国务院法制办综合协调司司长青锋老师亲自参与景迈山、邦崴山的调研，并对本书体例悉心指导；课题组成员辛勤付出，完成了调研和文献资料搜集的整理。在调研过程中，有幸与布朗族非物质文化遗产传承人苏国文老师，澜沧古茶有限公司董事长杜春峄，澜沧拉祜族自治县景迈人家茶叶农民专业合作社法定代表人仙贡，澜沧县茶叶协会副会长黄劲松等进行深度访谈。同时，写作受到周围喜好古茶和茶文化的友人们持续的关注与家人默默的支持，心存感激，在此一并表达深深的谢意。

　　本书涉及内容甚广，虽然以立法、守法、执法的视角进行了审视，但由于存在个人水平有限，立法理论不足，调研情况不够全面深入，思考分析肤浅等问题，仍难免疏漏。尽管如此，不掩小小的成就感，算是在普洱古茶树保护和利用的研究中抛砖引玉，便于后来者进行更深的探索与思考。

　　本书在中华人民共和国成立 70 周年之际完成，习近平主席在庆祝中华人民共和国成立 70 周年大会上的讲话言犹在耳："中国的昨天已经写在人类的史册上，中国的今天正在亿万人民手中创造，中国的明天必将更美好。" 古茶树资源的保护，需要全体人员的共同努力。如今恰逢盛世，在祖国繁荣昌盛的今天，我们唯有不断奋斗，才能在岁月静好中品味普洱，品味人生。

2020 年 5 月